Klaus Spillner

Rechnungswesen für Reiseverkehrskaufleute

4. Auflage

Bestellnummer 00330

■ Haben Sie Anregungen oder Kritikpunkte zu diesem Produkt?
Dann senden Sie eine E-Mail an 00330_004@bv-1.de
Autoren und Verlag freuen sich auf Ihre Rückmeldung.

www.bildungsverlag1.de

Bildungsverlag EINS GmbH
Sieglarer Straße 2, 53842 Troisdorf

ISBN 978-3-441-**00330**-4

© Copyright 2009*: Bildungsverlag EINS GmbH, Troisdorf
Das Werk und seine Teile sind urheberrechtlich geschützt. Jede Nutzung in anderen als den gesetzlich zugelassenen Fällen bedarf der vorherigen schriftlichen Einwilligung des Verlages.
Hinweis zu § 52a UrhG: Weder das Werk noch seine Teile dürfen ohne eine solche Einwilligung eingescannt und in ein Netzwerk eingestellt werden. Dies gilt auch für Intranets von Schulen und sonstigen Bildungseinrichtungen.

Vorwort

Neue Lehrpläne erfordern neue Bücher. Das vorliegende Lehrbuch ersetzt das Gehlen-Buch 315 „Buchführung für Reiseverkehrskaufleute". Die bewährte Vorgehensweise wurde beibehalten und der Inhalt dem neuen Rahmenlehrplan angepasst. Der seit dem Schuljahr 1998 gültige Lehrplan enthält in den Lernfeldern 5, 11 und 15 Inhalte des klassischen Rechnungswesens.

Das Lernfeld 5 umfasst die „klassische" Buchführung bis hin zu den Erfolgskonten und der Umsatzsteuer. Laut Lehrplan sollen ausschließlich hier Buchungstechniken vermittelt werden. Das Lernfeld 11 enthält neben Arbeiten zum Jahresabschluss und zur Jahresabschlussanalyse Inhalte zur Margenbesteuerung und zu den Personalkosten. Das Lernfeld 15 umfasst u.a. die Kosten- und Leistungsrechnung.

Im vorliegenden Lehrbuch werden die Inhalte dieser drei Lernfelder vollständig abgedeckt. Auf eine explizite Zuordnung der Inhalte zu den einzelnen Lernfeldern wurde verzichtet. In einigen Bereichen wird über die geforderten Mindestinhalte der Lernfelder bewusst hinausgegangen. Im Interesse einer kaufmännischen Grundbildung erscheint es mir durchaus sinnvoll, z.B. auch Buchungen im Bereich der typischen Reiseverkehrsleistungen vorzustellen. Diese Inhalte können von den Benutzern ggf. im Selbststudium erlernt werden. Weiterhin werden im abschließenden Kapitel grundlegende Techniken des kaufmännischen Rechnens dargestellt, die zum Teil in anderen Lernfeldern zu finden sind.

Dieses Lehrbuch ist handlungsorientiert, da durch praxisnahe Eingangssituationen die Motivation der Schüler gestärkt wird. Durch die Erläuterung der betriebswirtschaftlichen, steuerlichen und kostenrechnerischen Hintergründe werden lernfeldübergreifende Lernziele erreicht. Die zahlreichen Aufgaben geben Gelegenheit, das Erlernte zu vertiefen.

Ich hoffe, dass auch dieses Buch zahlreiche Nutzer findet und wünsche viel Spaß und Erfolg beim Lernen.

Ich bin weiterhin für jede sachliche Kritik dankbar und danke allen, die mir Anregungen gegeben haben.

Der Verfasser

Inhaltsverzeichnis

1	**Grundsätzliches zum Rechnungswesen**	7
1.1	Aufgaben und Bereiche des Rechnungswesens	7
1.2	Gesetzliche Grundlagen	8
2	**Inventur, Inventar und Bilanz**	10
2.1	Inventur und Inventar	10
2.2	Die Bilanz	13
2.2.1	Vom Inventar zur Bilanz	13
2.2.2	Veränderungen in der Bilanz	15
3	**Die Bestandskonten**	19
3.1	Das Konto	19
3.2	Von Bilanz zu Bilanz	20
3.2.1	Auflösung der Bilanz in Konten	20
3.2.2	Buchen auf Bestandskonten	21
3.2.3	Abschluss der Bestandskonten	22
3.2.4	Das Gegenkonto	23
3.2.5	Eröffnungs- und Schlussbilanzkonto	24
3.2.6	Der Buchungssatz	25
4	**Die Erfolgskonten**	29
4.1	Buchen auf Erfolgskonten	29
4.2	Abschluss der Erfolgskonten	32
5	**Erfassung von Reiseverkehrsleistungen**	36
5.1	Das Reisebüro als Veranstalter	36
5.1.1	Veranstaltungen ohne fremde Leistungsträger	37
5.1.2	Veranstaltungen mit fremden Leistungsträgern	38
5.2	Das Reisebüro als Vermittler	41
5.2.1	Vermittlung einer Reise ohne Anzahlung	42
5.2.2	Vermittlung einer Reise mit Anzahlung	44
5.3	Zusammenarbeit mit anderen Reisebüros	47
5.3.1	Verkauf einer eigenen Veranstaltung durch ein anderes Reisebüro	47
5.3.2	Weitergabe einer Vermittlungsprovision an ein anderes Reisebüro	48
6	**Kontenrahmen und Kontenplan**	50
6.1	Aufgabe des Kontenrahmens	50
6.2	Aufbau des Kontenrahmens	50
6.3	Kontenplan	51
7	**Die Umsatzsteuer**	52
7.1	Wesen der Umsatzsteuer	52
7.2	Buchhalterische Erfassung der Umsatzsteuer	54
7.3	Allgemeine Fälle zur Umsatzsteuer	57
7.3.1	Die Umsatzsteuer beim Anlagenkauf und -verkauf	57
7.3.2	Die Umsatzsteuer bei betrieblichen Aufwendungen	58
7.3.3	Vorsteuerguthaben	60

8	**Umsatzsteuer bei Leistungen von Reiseverkehrsunternehmen**	64
8.1	Grundlagen der Besteuerung	64
8.2	Umsatzsteuer bei Vermittlungsleistungen	65
8.2.1	Vermittlung einer Pauschalreise	66
8.2.2	Verkauf von Flugreisen	68
8.2.3	Vermittlung von Versicherungen	69
8.2.4	Vermittlung sonstiger Beförderungs- und Beherbergungsleistungen	70
8.3	Umsatzsteuer bei Veranstaltungsleistungen	71
8.3.1	Veranstaltungen mit Margenbesteuerung	71
8.3.2	Veranstaltungen mit Regelbesteuerung	75
9	**Personalkosten**	79
9.1	Berechnung der Personalkosten	80
9.2	Buchung der Personalkosten	84
9.3	Besonderheiten bei der Gehaltsabrechnung	85
10	**Wertminderungen des Anlage- und Umlaufvermögens**	89
10.1	Abschreibungen des Anlagevermögens	89
10.1.1	Notwendigkeit der Abschreibung	90
10.1.2	Berechnung der Abschreibung	90
10.1.3	Buchung der Abschreibung	95
10.1.4	Auswirkungen der Abschreibung	96
10.1.5	Finanzierung durch Abschreibungen	96
10.2	Ausfall von Forderungen	98
10.2.1	Ausfall einer Veranstaltungsforderung	99
10.2.2	Ausfall einer Vermittlungsforderung	100
10.2.3	Zahlungseingang für eine abgeschriebene Forderung	101
11	**Jahresabschlussarbeiten**	103
11.1	Zeitliche Abgrenzungen	103
11.2	Rückstellungen	106
11.3	Aufstellung und Auswertung des Jahresabschlusses	107
11.3.1	Bewertungen in der Bilanz	108
11.3.2	Auswertung des Jahresabschlusses	111
12	**Kosten- und Leistungsrechnung**	117
12.1	Aufgaben der Kosten- und Leistungsrechnung	118
12.2	Abgrenzung der Kosten- und Leistungsrechnung von der Geschäftsbuchführung	119
12.2.1	Grundbegriffe der Kostenrechnung	119
12.2.2	Grundbegriffe der Leistungsrechnung	123
12.2.3	Abgrenzungstabelle	123
12.3	Kostenartenrechnung	128
12.4	Kostenstellenrechnung	130
12.5	Kostenträgerrechnung	137
12.6	Spartenerfolgsrechnung	138
13	**Vollkostenrechnung oder Teilkostenrechnung**	141
13.1	Grenzen der Vollkostenrechnung	141
13.2	Teilkostenrechnung	142
13.3	Break-even-Point-Analyse	144

14	**Kalkulation eines Reisepreises**	148
14.1	Notwendigkeit der Kalkulation	148
14.2	Vorkalkulation	148
14.3	Nachkalkulation	150
15	**Controlling**	152
15.1	Aufgaben des Controllings	152
15.2	Controllinginstrumente	152
16	**Kaufmännisches Rechnen**	155
16.1	Der Dreisatz	155
16.1.1	Gerades (direktes) Verhältnis	155
16.1.2	Ungerades (indirektes) Verhältnis	155
16.2	Der Kettensatz	156
16.3	Währungsrechnen	157
16.4	Die Prozentrechnung	160
16.4.1	Berechnung des Prozentwertes	160
16.4.2	Berechnung des Grundwertes	160
16.4.3	Berechnung des Prozentsatzes	160
16.4.4	Prozentrechnung vom vermehrten Grundwert (auf Hundert)	161
16.4.5	Prozentrechnung vom verminderten Grundwert (im Hundert)	161
16.5	Die Zinsrechnung	163
16.5.1	Berechnung der Zeit	163
16.5.2	Berechnung der Zinsen	163
16.5.3	Berechnung des Kapitals, des Zinssatzes und der Tage	164
16.5.4	Berechnung des Kapitals beim vermehrten oder verminderten Grundwert	164

Sachwortverzeichnis 166

Anhang
Schulkontenrahmen

1 Grundsätzliches zum Rechnungswesen

1.1 Aufgaben und Bereiche des Rechnungswesens

Situation Das Reisebüro Albert Globus in Norden ist ein mittelständisches Reisebüro mit mehreren Filialen in anderen ostfriesischen Städten. In diesem Büro werden u.a. die Reisen namhafter Reiseveranstalter angeboten und Busreisen mit eigenen Fahrzeugen veranstaltet.

Bei diesem Unternehmen kommt es täglich zu einer Reihe von Transaktionen (Geschäftsfällen), z.B.

- Reiseveranstalter schicken Abrechnungen,
- Kunden buchen Reisen und bezahlen diese bar oder mit einem Bankscheck,
- fällige Steuern werden überwiesen,
- Briefmarken werden gekauft,
- die Telefonrechnung wird überwiesen usw.

■ Aufgaben des Rechnungswesens

Um bei der Vielzahl geschäftlicher Vorgänge den Überblick zu behalten, benötigt die Leitung des Reisebüros jederzeit Informationen über abgelaufene Zeiträume und Daten für ihre zukünftigen unternehmerischen Entscheidungen. Diese Informationen liefert das betriebliche Rechnungswesen.

Das Rechnungswesen erfüllt u.a. die folgenden Funktionen:

- **Dokumentation** durch vollständige, geordnete Aufzeichnung aller Geschäftsfälle,
- **Information** von Unternehmenseignern, Finanzbehörden und Gläubigern durch Überblick über die Vermögens-, Schulden- und Ertragslage des Unternehmens,
- **Kontrolle** der Wirtschaftlichkeit und der Zahlungsbereitschaft des Unternehmens,
- **Steuerung** durch Aufbereitung von Zahlen der Vergangenheit.

■ Bereiche des Rechnungswesens

Das betriebliche Rechnungswesen wird im Allgemeinen in die folgenden Teilbereiche unterteilt:

Teilbereiche	Aufgaben
Geschäfts- oder Finanzbuchführung	• planmäßige, lückenlose und ordnungsgemäße Aufzeichnung aller Geschäftsfälle • Ermittlung des Unternehmenserfolgs (Gewinn oder Verlust) • Ermittlung des Vermögens und der Schulden in der Bilanz • Grundlage für Besteuerung des Unternehmens • Beweismittel gegenüber Dritten
Kosten- und Leistungsrechnung	• vollständige Erfassung der entstandenen Kosten (= betriebsbedingter Werteverzehr) • Gegenüberstellung der Kosten mit den betrieblichen Leistungen (= Erlöse) zur Ermittlung des Betriebsergebnisses • Ermittlung der Preise • Kontrolle der Wirtschaftlichkeit des Gesamtunternehmens und der Teilbereiche des Unternehmens

Teilbereiche	Aufgaben
Statistik	Aufbereitung und Auswertung von Zahlen aus anderen Bereichen des Rechnungswesens, z.B. durch Tabellen und Grafiken • Vergleich von internen Daten (z.B. Vergleich verschiedener Jahre, Vergleich verschiedener Unternehmensbereiche) • Vergleich von externen Daten (z.B. Vergleich mit gleichartigen Reiseunternehmen)
Planung	Einschätzung des zukünftigen Geschäftsverlaufs auf der Grundlage der Zahlen der Vergangenheit, z.B. durch die Vorgabe von Soll-Zahlen.

1.2 Gesetzliche Grundlagen

Um den genannten Aufgaben für den Unternehmer, für Kapitalgeber, aber auch für Finanzbehörden gerecht zu werden, gibt es sowohl **handelsrechtliche** als auch **steuerrechtliche** Vorschriften zur Buchführung.

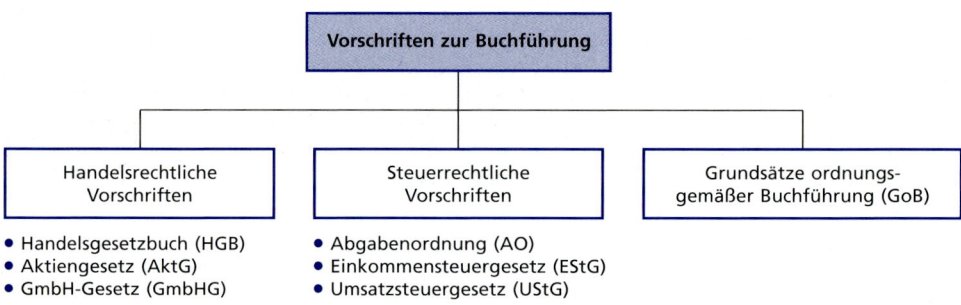

■ Handelsrechtliche Vorschriften

Die grundlegenden handelsrechtlichen Vorschriften enthält das HGB. Grundsätzlich ist jeder Kaufmann zur Buchführung verpflichtet. Kannkaufleute, die nicht ins Handelsregister eingetragen worden sind, sind von der handelsrechtlichen Buchführungspflicht befreit. Für sie gelten vereinfachte Aufzeichnungspflichten.

■ Steuerrechtliche Vorschriften

Nach § 140 AO ist jeder Kaufmann, der handelsrechtlich buchführungspflichtig ist, zur Buchführung verpflichtet. Nach § 141 AO ist auch jeder andere Unternehmer (Handwerker, Selbstständige usw.) zur Buchführung verpflichtet, wenn eines der folgenden Kriterien erfüllt ist:

- Umsatz von mehr als 260 000,00 EUR jährlich,
- Gewinn von mehr als 25 000,00 EUR.

In vielen Steuergesetzen und den dazugehörigen Richtlinien und Durchführungsverordnungen finden sich weitere steuerrechtliche Vorschriften.

■ Grundsätze ordnungsgemäßer Buchführung

Als ordnungsgemäß gilt eine Buchführung, wenn ein sachverständiger Dritter sich innerhalb einer angemessenen Zeit ein Bild von der Lage und den Geschäftsfällen eines Betriebes machen kann. Das bedeutet im Einzelnen:

- alle Geschäftsfälle sind fortlaufend (in zeitlicher Reihenfolge), vollständig und richtig zu erfassen,
- jeder Buchung muss ein Beleg zugrunde liegen, Belege sind geordnet aufzubewahren,
- Bleistifteintragungen, Radierungen und Unkenntlichmachen von Falscheintragungen sind nicht zulässig und leere Zwischenräume sind zu entwerten,
- Eintragungen müssen in einer lebenden Sprache vorgenommen werden. Die Bilanz muss in deutscher Sprache und Euro aufgestellt werden,
- bei EDV-Buchführungen muss sichergestellt sein, dass nachträgliche Korrekturen nicht möglich sind.

■ Aufbewahrungsfristen

Jeder Kaufmann muss die aus seiner Geschäftstätigkeit entstandenen Belege aufbewahren. Diese Aufbewahrungsfrist dient aus steuerlicher Sicht in erster Linie der Nachprüfbarkeit der Buchführung und der Aufzeichnungen.

Die gesetzliche Aufbewahrungsfrist beträgt für Eröffnungsbilanz, Inventare, Jahresabschlüsse und Buchungsbelege einheitlich zehn Jahre. Die Aufbewahrungsfrist beginnt mit Ablauf des Jahres, in dem der Beleg erstellt wurde.

Bis auf die Eröffnungsbilanz und die Jahresabschlüsse (Bilanz und Gewinn- und Verlustrechnung) brauchen die übrigen Unterlagen nicht im Original aufbewahrt zu werden. Sie können auf Daten- oder Bildträgern festgehalten werden, wenn die Grundsätze der ordnungsgemäßen Buchführung beachtet werden und sie innerhalb einer angemessenen Frist wieder lesbar gemacht werden können.

2 Inventur, Inventar und Bilanz

2.1 Inventur und Inventar

Situation Albert Globus führt mit seinem Auszubildenden am 31. Dezember die Inventur durch.

Nach § 240 HGB und §§ 140 ff AO ist jeder Kaufmann verpflichtet, am Beginn und am Ende seines Handelsgewerbes und am Ende eines jeden Geschäftsjahres sein Vermögen und seine Schulden festzustellen und aufzuschreiben.

Zum **Vermögen** gehören z. B. bebaute und unbebaute Grundstücke, Werkstätten und deren Einrichtung, Fahrzeuge, Büroeinrichtungen, Wertpapiere im Besitz des Unternehmens, Forderungen an Kunden, Guthaben auf Bankkonten, bares Geld.

Zu den **Schulden** gehören z. B. langfristige und kurzfristige Darlehen, Bankschulden und Verbindlichkeiten bei Lieferern oder Reiseveranstaltern.

Alle Vermögensteile und Schulden werden nach Art, Menge und Wert erfasst. Diese Tätigkeit bezeichnet man als **Inventur**.

Die wichtigsten Inventurverfahren sind:

- **Stichtagsinventur.** Die Stichtagsinventur wird zu einem Abschlussstichtag durchgeführt. Sie sollte an einem einzigen Tag vorgenommen werden, weil die ermittelten Werte nur für diesen einen Tag gelten (Zeitpunktbetrachtung). In vielen Betrieben ist das nicht möglich, deshalb erlauben die Finanzämter in solchen Fällen eine zeitnahe Inventur, die in einem Zeitraum von zehn Tagen vor oder nach dem Stichtag liegen kann.

- **Permanente Inventur.** Bei dieser Art der Inventur können die Vermögenswerte fortlaufend während eines Geschäftsjahres festgestellt werden. Hierbei werden Veränderungen in Büchern oder mithilfe von Datenverarbeitungsanlagen in Dateien festgehalten. Es muss aber gewährleistet sein, dass jederzeit eine buchmäßige Übersicht erstellt werden kann.
  Die Buchbestände stimmen in aller Regel aber nicht mit den tatsächlichen Beständen überein. Beispielsweise werden die durch Diebstahl oder Verluste verminderten Bestände buchmäßig nicht sofort erfasst. Daher muss bei der permanenten Inventur mindestens einmal im Jahr eine **körperliche Bestandsaufnahme** durchgeführt und die tatsächlichen Istbestände müssen ermittelt werden. Weichen diese Werte von den Buchwerten ab, sind sie entsprechend zu berichtigen.

- **Zeitlich verlegte Inventur.** In diesem Fall erfolgt die Durchführung der Inventur frühestens drei Monate vor und spätestens zwei Monate nach dem Abschlussstichtag. Die Ergebnisse werden auf den Stichtag umgerechnet.

Das Verzeichnis, in dem die erfassten Vermögensteile und Schulden eingetragen werden, nennt man **Inventar**. Je nach Art und Größe eines Betriebes kann das Inventar einige Seiten oder mehrere Bücher umfassen.

Inventar des Reisebüros Albert Globus, Norden, für den 31. Dezember

		EUR	EUR
A.	**Vermögen**		
1	Anlagevermögen		
1.1	Gebäude Neuer Weg 134		280 000,00
1.2	Fuhrpark		
	– 1 Bus „Luxus-888"	85 000,00	
	– 1 Bus „Super 123"	140 000,00	
	– 1 Pkw „Mercedes"	32 000,00	257 000,00
1.3	Betriebs- und Geschäftsausstattung lt. bes. Verzeichnis (Anlage 1)		35 000,00
2	Umlaufvermögen		
2.1	Treibstoffbestand		8 500,00
2.2	Forderungen		
	– Karl Schmitt, Aurich	420,00	
	– Alfred Kohl, Norden	1 200,00	1 620,00
2.3	Bankguthaben		
	– Raiffeisenbank Norden	12 000,00	
	– Kreissparkasse Norden	4 100,00	
	– Postbankguthaben	900,00	17 000,00
2.4	Bargeld		1 200,00
	Gesamtvermögen		600 320,00
B.	**Schulden**		
1	Langfristige Schulden		
1.1	Hypotheken		120 000,00
1.2	Darlehn Elfriede Strauß, Norden		25 000,00
2	Kurzfristige Schulden		
2.1	Verbindlichkeiten		
	– „Indiewelt-Reisen", Hannover	2 100,00	
	– Druckerei Krause, Norden	900,00	
	– Stadtwerke Norden	400,00	3 400,00
2.2	Umsatzsteuervorauszahlung für Dezember		1 100,00
2.3	Bankschulden Deutsche Bank, Norden		150,00
2.4	Erhaltene Kundenanzahlungen		2 300,00
	Gesamtschulden		151 950,00
C.	**Ermittlung des Reinvermögens**		
	Gesamtvermögen		600 320,00
	./. Gesamtschulden		151 950,00
	= Reinvermögen (Eigenkapital)		448 370,00

Jedes Inventar ist in drei Teile gegliedert:

- **A. Vermögen.** Das Vermögen wird in das **Anlagevermögen** und das **Umlaufvermögen** unterteilt.

  Das **Anlagevermögen** umfasst alle Vermögensteile, die für den Betrieb dauernd erforderlich sind, also möglichst lange genutzt werden sollen, z.B. Grundstücke, Fahrzeuge, die Betriebs- und Geschäftsausstattung (BGA).

  Das **Umlaufvermögen** umfasst die Vermögensteile, die sich laufend verändern, z.B. Forderungen, Bestände an Treibstoff, Heizöl oder Prospekten, Bank- oder Postbankguthaben, Bargeld.

Das Vermögen wird nach der **Liquidität**, d. h. wie schnell der jeweilige Gegenstand flüssig (zu Bargeld) gemacht werden kann, geordnet. Ein Gebäude ist schwerer verkäuflich als ein Pkw. Noch schneller als dieser kann das Bankguthaben flüssig gemacht werden, daher wird dieser Posten unter den letzten Vermögensteilen aufgeführt.

- **B. Schulden.** Die Schulden werden nach ihrer **Fälligkeit** gegliedert. Dabei werden die langfristigen Schulden (mit einer Laufzeit von mehr als vier Jahren) wie Hypothekenschulden und Darlehen zuerst aufgeführt. Zu den kurzfristigen Schulden gehören neben den Bankschulden und den Verbindlichkeiten gegenüber Lieferern und Reiseveranstaltern auch Schulden gegenüber dem Finanzamt und erhaltene Anzahlungen von Kunden.
- **C. Reinvermögen.** Das **Reinvermögen** oder das **Eigenkapital** ist die Differenz zwischen Gesamtvermögen und Gesamtschulden. Dabei ist zu beachten, dass das Eigenkapital eine fiktive Größe darstellt. Alle anderen Bestandteile eines Inventars können durch Zählen o. Ä. ermittelt werden, das Eigenkapital aber nicht. Es stellt den gedachten Eigentumsanteil des Eigentümers an seinem Betrieb dar.

Merke

- Die mengen- und wertmäßige Erfassung aller Vermögensteile und aller Schulden nennt man Inventur.
- Das Inventar ist ein ausführliches Verzeichnis aller Vermögenswerte und Schulden.
- Das Reinvermögen (Eigenkapital) ist die Differenz zwischen dem Gesamtvermögen und den Gesamtschulden.
- Das Vermögen wird in Anlage- und Umlaufvermögen unterteilt. Gliederungsprinzip ist die Liquidität der einzelnen Vermögensgegenstände. Die Schulden werden in langfristige und kurzfristige Schulden unterteilt. Gliederungsprinzip ist die Fälligkeit der Schulden.

Übungsaufgaben

1 Erstellen Sie ein ordnungsgemäß gegliedertes Inventar!

Der Inhaber des Reisebüros Fritz Krause, Bremen, Seestraße 999, führt am 31. Dezember eine Inventur durch. Er erhält folgende Werte:

	EUR
Kassenbestand	2 500,00
Verbindlichkeiten:	
– International-Reisen, Bremen	4 200,00
– Auto-Jäger, Delmenhorst	1 350,00
– Autohaus Meier, Bremen	890,00
Forderungen:	
– Karl Schulze, Bremen	1 300,00
– Gaby Müller, Bremerhaven	980,00
Betriebs- und Geschäftsausstattung (BGA) lt. bes. Verzeichnis	22 000,00
Geschäftsgebäude Seestraße 999	320 000,00
Hypothekenschulden bei der Volksbank Bremen	195 000,00
Fuhrpark:	
– 1 Bus „Rasant-Super"	130 000,00
– 1 Bus „Rasant-Luxus"	95 000,00

	EUR
Bankguthaben:	
– Volksbank Bremen	4 300,00
– Deutsche Bank, Bremen	9 700,00
– Postbankguthaben	1 250,00
Darlehnsschulden:	
– Rasant-Buswerke, Mannheim	110 000,00
– Elfriede Krause, Bremen	20 000,00
Erhaltene Kundenanzahlungen	1 500,00
Bankschulden bei der Commerzbank, Bremen	3 200,00

2 Erstellen Sie ein ordnungsgemäß gegliedertes Inventar!

Das Reisebüro Hans und Anna Basche KG, Ulm, Bergstraße 34, ermittelt bei der Inventur am 31. Dezember folgende Werte:

	EUR
Gebäude Bergstraße 34	220 000,00
Forderungen lt. bes. Verzeichnis	12 200,00
Kassenbestand	4 100,00
Bushalle mit Werkstatt	190 000,00
Werkstatteinrichtung lt. bes. Verzeichnis	55 000,00
Hypothekenschulden:	
– Bayerische Hypothekenbank, München	120 000,00
– Stadtsparkasse Ulm	80 000,00
Fuhrpark:	
– 1 Bus „Rasant-Super"	210 000,00
– 1 Bus „Sprinta"	90 000,00
– 1 Bus „Wanderer"	70 000,00
– 1 Pkw „Kombi"	8 500,00
Verbindlichkeiten:	
– Rasant-Buswerke, Mannheim	150 000,00
– Büro-Schulze, Ulm	130,00
– Reisen-2000, München	1 800,00
Darlehen:	
– Stadtsparkasse Ulm	30 000,00
BGA lt. bes. Verzeichnis	43 000,00
Treibstoffbestände:	
– Diesel	2 100,00
– Benzin	1 800,00
Postbankguthaben	3 600,00
Umsatzsteuervorauszahlung Dezember	1 900,00
Erhaltene Kundenanzahlung	400,00

2.2 Die Bilanz

2.2.1 Vom Inventar zur Bilanz

Gemäß § 242 Abs. 1 HGB hat ein Kaufmann am Ende eines jeden Geschäftsjahres eine Bilanz aufzustellen. Eine Bilanz ist ein kurz gefasstes Inventar. Sie enthält keine Mengen und keine Einzelwerte.

Damit ist eine Bilanz erheblich übersichtlicher als das Inventar, das ja oft sehr umfangreich ist. Anders als das Inventar, das in Staffelform aufgestellt wird, ist in der Bilanz das Vermögen den Schulden und dem Eigenkapital in Kontenform gegenübergestellt. Beide Seiten der Bilanz weisen die gleichen Summen auf. Die Bilanz (ital. bilancia = Waage) ist ausgewogen.

Aus dem Inventar des Reisebüros Albert Globus, Seite 11, wird die folgende Bilanz entwickelt:

Aktiva		Bilanz zum 31. Dezember			Passiva
1	Anlagevermögen		1	Eigenkapital	448 370,00
1.1	Gebäude	280 000,00			
1.2	Fuhrpark	257 000,00	2	Fremdkapital	
1.3	BGA	35 000,00	2.1	langfrist. Fremdkapital	
			2.1.1	Hypothek	120 000,00
2	Umlaufvermögen		2.1.2	Darlehnsschulden	25 000,00
2.1	Treibstoff	8 500,00	2.2	kurzfrist. Fremdkapital	
2.2	Forderungen	1 620,00	2.2.1	Verbindlichkeiten	3 400,00
2.3	Bankguthaben	16 100,00	2.2.2	Umsatzsteuerschuld	1 100,00
2.4	Postbankguthaben	900,00	2.2.3	Bankschulden	150,00
2.5	Bargeld	1 200,00	2.2.4	Kundenanzahlungen	2 300,00
		600 320,00			600 320,00

Norden, 31. Dezember   *Unterschrift*

Die linke Seite der Bilanz enthält die Vermögensteile. Man bezeichnet sie als **Aktiva** (oder **Aktivseite**). Die rechte Seite heißt **Passiva** (oder **Passivseite**). Auf dieser Seite steht, wer die Mittel gegeben hat. Sie zeigt, wie viel **Eigenkapital** der Betrieb dem Unternehmer schuldet und wie viel **Fremdkapital** er Banken, Reiseveranstaltern usw. schuldet.

Merke

- Die Bilanz ist die Kurzfassung des Inventars in Kontenform.
- Die Aktivseite der Bilanz enthält die Vermögenswerte eines Unternehmens, die Passivseite die Vermögensquellen.
- Die Aktivseite der Bilanz zeigt, wie das Kapital des Unternehmens investiert wurde, die Passivseite zeigt, wie es finanziert wurde.
- Die Differenz zwischen Vermögen und Fremdkapital ist das Eigenkapital.
- Genau wie das Inventar muss die Bilanz bei Gründung eines Unternehmens, am Schluss eines Geschäftsjahres und bei der Auflösung des Unternehmens aufgestellt werden. Sie muss – wie das Inventar – zehn Jahre lang aufbewahrt werden.

Übungsaufgaben

1 Welche der folgenden Aussagen sind falsch? Begründen Sie Ihre Ansicht!
1. Das ausführliche Verzeichnis des Vermögens und der Schulden eines Unternehmens bezeichnet man als Inventar.
2. Schulden + Reinvermögen = Gesamtvermögen.
3. Das Vermögen wird auch als Eigenkapital bezeichnet.
4. Verbindlichkeiten entstehen aus Lieferungen an uns.
5. Forderungen entstehen aus Lieferungen an uns.
6. Forderungen stehen auf der Passivseite der Bilanz.
7. Die BGA eines Betriebes gehört zum Umlaufvermögen.
8. Auf der Aktivseite einer Bilanz stehen Anlagevermögen und Fremdkapital.
9. Die Bilanz ist ein kurz gefasstes Inventar in Kontenform.

Die Bilanz

10. Bankschulden gehören zum Umlaufvermögen.
11. Inventar und Bilanz müssen jeweils sechs Jahre lang aufbewahrt werden.
12. Die Aktivseite gibt an, wie das Vermögen eines Unternehmens verwendet wurde.

2 Am Jahresende ergeben sich im Reisebüro Karl Eberle, Stuttgart, die folgenden ungeordneten Werte:

	EUR		EUR
Gebäude	200 000,00	Forderungen	3 820,00
Postbankguthaben	2 000,00	Bankschulden	2 150,00
Fuhrpark	150 000,00	BGA	65 000,00
Verbindlichkeiten	8 400,00	Treibstoffvorräte	3 500,00
Kundenanzahlungen	1 300,00	Bankguthaben	14 500,00
Hypothek	90 000,00	Bargeld	1 950,00

1. Erstellen Sie nach diesen Werten eine ordnungsgemäß gegliederte Bilanz!
2. Beantworten Sie die folgende Fragen!
   a) Wie viel EUR beträgt das Eigenkapital?
   b) Wie viel EUR beträgt das Fremdkapital?
   c) Wie viel EUR beträgt das Anlagevermögen?
   d) Wie viel EUR beträgt das Umlaufvermögen?
   e) Wie hoch ist der prozentuale Eigenkapitalanteil am Gesamtvermögen?

3 Handelt es sich bei den unten stehenden Posten um Teile
1. des Anlagevermögens
2. des Umlaufvermögens
3. des langfristigen Fremdkapitals
4. des kurzfristigen Fremdkapitals
5. des Eigenkapitals?

a) Hypothek
b) offene Rechnung eines Kunden bei uns
c) offene Rechnung bei einem Reiseveranstalter
d) Bestand an Heizöl
e) Finanzierung eines Busses über 24 Monate
f) Anzahlung eines Kunden für eine Reise

2.2.2 Veränderungen in der Bilanz

Situation Beim Reisebüro A. Globus fallen in den ersten Tagen des Jahres folgende Geschäftsfälle an:

1. Kauf eines Pkw im Wert von 18 000,00 EUR. Die Bezahlung erfolgt durch einen Bankscheck.
2. Eine kurzfristige Verbindlichkeit in Höhe von 5 000,00 EUR wird in ein langfristiges Darlehn umgewandelt.
3. Kauf eines Reisebusses im Wert von 320 000,00 EUR. Die Finanzierung erfolgt durch ein Darlehn.
4. Die Schulden bei einem Reiseveranstalter in Höhe von 2 400,00 EUR werden durch Banküberweisung beglichen.

Inventar und Bilanz werden für einen bestimmten Stichtag aufgestellt. Sie gelten damit nur für einen Zeitpunkt. Durch die geschäftliche Tätigkeit eines Reisebüros ändern sich die einzelnen Werte jedoch laufend. Dementsprechend würde sich auch durch jeden Geschäftsfall die Bilanz ändern.

Diese Geschäftsfälle sind buchhalterisch zu erfassen. Grundlage ist dabei die folgende kurze Bilanz:

Aktiva	Ausgangsbilanz		Passiva
Fuhrpark	50 000,00	Eigenkapital	53 000,00
Forderungen	15 000,00	Darlehnsschulden	30 000,00
Bank	30 000,00	Verbindlichkeiten	12 000,00
	95 000,00		95 000,00

Diese vier Geschäftsfälle sind beispielhaft für alle Bilanzänderungen. Es lassen sich vier Bilanzänderungsmöglichkeiten unterscheiden:

1. **Aktivtausch**

   Beim ersten Geschäftsfall werden nur Positionen auf der Aktivseite der Bilanz verändert. Die Position Fuhrpark nimmt zu und die Position Bank nimmt ab.

Aktiva	Bilanz 1		Passiva
Fuhrpark	68 000,00	Eigenkapital	53 000,00
Forderungen	15 000,00	Darlehnsschulden	30 000,00
Bank	12 000,00	Verbindlichkeiten	12 000,00
	95 000,00		95 000,00

> **Merke**
> - Bei einem Aktivtausch sind nur zwei Posten auf der Aktivseite betroffen.
> - Ein Posten nimmt ab, ein anderer nimmt um den gleichen Betrag zu.
> - Die Bilanzsumme bleibt gleich.

2. **Passivtausch**

   Beim zweiten Geschäftsfall werden nur zwei Positionen auf der Passivseite der Bilanz berührt. Die Position Darlehn nimmt zu, die Position Verbindlichkeiten nimmt ab.

Aktiva	Bilanz 2		Passiva
Fuhrpark	68 000,00	Eigenkapital	53 000,00
Forderungen	15 000,00	Darlehnsschulden	35 000,00
Bank	12 000,00	Verbindlichkeiten	7 000,00
	95 000,00		95 000,00

> **Merke**
> - Bei einem Passivtausch sind nur zwei Posten auf der Passivseite betroffen.
> - Ein Posten nimmt ab, ein anderer nimmt um den gleichen Betrag zu.
> - Die Bilanzsumme bleibt gleich.

Die Bilanz

3. Aktiv-Passiv-Mehrung

Im dritten Fall verändert sich auf jeder Bilanzseite eine Position. Der Fuhrpark nimmt zu, die Darlehnsschulden nehmen zu.

Aktiva	Bilanz 3		Passiva
Fuhrpark	388 000,00	Eigenkapital	53 000,00
Forderungen	15 000,00	Darlehnsschulden	355 000,00
Bank	12 000,00	Verbindlichkeiten	7 000,00
	415 000,00		415 000,00

Merke
- Bei einer Aktiv-Passiv-Mehrung ist jeweils eine Position auf der Aktiv- und eine Position auf der Passivseite betroffen.
- Beide Seiten nehmen um den gleichen Betrag zu.
- Die Bilanzsumme erhöht sich um den gleichen Betrag.

4. Aktiv-Passiv-Minderung

Auch im letzten Fall wird je eine Position der Aktiv- und Passivseite berührt. Die Verbindlichkeiten und das Bankkonto nehmen ab.

Aktiva	Bilanz 4		Passiva
Fuhrpark	388 000,00	Eigenkapital	53 000,00
Forderungen	15 000,00	Darlehnsschulden	355 000,00
Bank	9 600,00	Verbindlichkeiten	4 600,00
	412 600,00		412 600,00

Merke
- Bei einer Aktiv-Passiv-Minderung ist jeweils eine Position auf der Aktiv- und eine Position auf der Passivseite betroffen.
- Beide Seiten nehmen um den gleichen Betrag ab.
- Die Bilanzsumme verringert sich um den gleichen Betrag.

Übungsaufgaben

1 Die Bilanz am Jahresende hat beim Reisebüro Indiewelt, Augsburg, folgende Werte:

	EUR		EUR
BGA	20 000,00	Fuhrpark	80 000,00
Forderungen	8 000,00	Bank	15 000,00
Kasse	3 500,00	Darlehn	20 000,00
Verbindlichkeiten	14 000,00	Eigenkapital	?

Ermitteln Sie für jeden der folgenden Geschäftsfälle, um welche Art der Bilanzveränderung es sich handelt! Erstellen Sie nach jedem Geschäftsfall eine neue Bilanz.

Geschäftsfälle:

	EUR
1. Verkauf eines gebrauchten Pkw gegen Bankscheck	1 400,00
2. Schulden bei einem Reiseveranstalter werden durch Banküberweisung beglichen	2 100,00
3. Bargeldabhebung vom Bankkonto	5 000,00
4. Kauf einer Schreibmaschine auf Ziel	650,00
5. Tilgungsrate für das Darlehn wird überwiesen	500,00
6. Ein Kunde zahlt seine Schulden bar	400,00

2 Im Reisebüro Hans und Anna Basche KG im Ulm ergeben sich zum 31. Dezember folgende Bilanzwerte:

	EUR		EUR
BGA	35 600,00	Fuhrpark	95 000,00
Forderungen	9 800,00	Bank	33 000,00
Kasse	1 900,00	Darlehn	40 000,00
Verbindlichkeiten	11 000,00	Eigenkapital	?

Ermitteln Sie für jeden der folgenden Geschäftsfälle, um welche Art der Bilanzveränderung es sich handelt! Erstellen Sie nach jedem Geschäftsfall eine neue Bilanz.

Geschäftsfälle:

	EUR
1. Bargeldeinzahlung auf das Bankkonto	400,00
2. Kauf eines PC gegen Bankscheck	4 200,00
3. Aufnahme eines Darlehns bei einer Bank. Der Betrag wird dem Bankkonto gutgeschrieben	15 000,00
4. Zielkauf eines Schreibtisches	1 800,00
5. Ein Kunde begleicht seine Schulden durch Banküberweisung	1 300,00
6. Bezahlung der Schreibtischrechnung (Fall 4) durch Banküberweisung	1 800,00

3 Die Bestandskonten

3.1 Das Konto

Situation Im Reisebüro Albert Globus sollen in der ersten Woche des Jahres folgende Geschäftsfälle auf dem Kassenkonto gebucht werden.

		EUR
02.01.	Anfangsbestand	740,00
02.01.	Paketzustellgebühr	2,50
03.01.	Kundenanzahlung H. Schulze	250,00
04.01.	Einzahlung von Bargeld auf Bankkonto	300,00
04.01.	Bareinnahme für eine Ausflugsfahrt in die Heide	850,00
06.01.	Kauf von Briefmarken bei der Post	35,00
06.01.	Tanken des Geschäfts-Pkw	42,30

Das im letzten Kapitel vorgestellte Verfahren, nach jedem Geschäftsfall eine neue Bilanz aufzustellen, wäre bei der Vielzahl der in einem Unternehmen auftretenden Fälle nicht durchführbar.

Die Buchführung benutzt daher ein anderes Verfahren. Die einzelnen Geschäftsfälle werden auf **Konten** (ital. conto = Rechnung) aufgezeichnet. Das Konto ist eine Gegenüberstellung von Zahlen. Es besteht aus zwei Seiten, wobei die **linke Seite mit Soll** und die **rechte Seite mit Haben** bezeichnet wird.

Die obigen Geschäftsfälle sollen auf dem Kassenkonto gebucht werden.

Auf der linken Seite (Sollseite) dieses Kontos steht neben den Einnahmen der Anfangsbestand an Bargeld. Auf der rechten Seite, der Habenseite, stehen die Ausgaben und der Endbestand (Saldo).

Soll			Kassenkonto			Haben
02.01.	Anfangsbestand	740,00	02.01.	Paketzustellgebühr		2,50
03.01.	Kundenanzahlung Schulze	250,00	04.01.	Einzahlung Bankkonto		300,00
04.01.	Ausflugsfahrt Heide	850,00	06.01.	Briefmarken		35,00
			06.01.	Tanken		42,30
			07.01.	Endbestand (Saldo)		1 460,20
		1 840,00				1 840,00

Merke

Buchungen auf dem Kassenkonto:
1. Der Anfangsbestand wird auf der Sollseite eingetragen.
2. Einnahmen werden auf der Sollseite eingetragen, Ausgaben auf der Habenseite.
3. Die wertmäßig stärkere Seite, bei diesem Konto immer die Sollseite, wird addiert und auf die andere Seite übertragen. Beide Seiten haben stets gleiche Summen.
4. Der Saldo wird als Differenz zwischen der Soll- und der Habenseite ermittelt. Er wird immer auf der wertmäßig schwächeren Seite eingetragen.

Übungsaufgaben

1 Führen Sie das Kassenkonto des Reisebüros Hans und Anna Basche KG, Ulm, nach den folgenden Angaben und schließen Sie es am 15. Februar ab!

		EUR
01.02.	Anfangsbestand	832,24
02.02.	Bezahlung einer Zeitungsanzeige	140,00
03.02.	Abhebung vom Bankkonto	500,00
03.02.	Kundenanzahlung K. Meier	200,00
06.02.	Mietzahlung für Garage	60,00
09.02.	Lohn für Putzfrau	90,30
11.02.	Privatentnahme der Inhaberin	100,00
12.02.	Kauf von Schreibmaschinenpapier	12,30

2 Führen Sie das Kassenkonto des Reisebüros Karl Eberle, Stuttgart, für die Woche vom 4. Dezember bis zum 10. Dezember nach den folgenden Angaben:

		EUR
04.12.	Anfangsbestand	1 324,24
04.12.	Einzahlung auf Bankkonto	600,00
05.12.	Mieteinnahme	400,00
06.12.	Bezahlung Kfz-Reparatur	140,32
06.12.	Frachtzahlung	12,31
06.12.	Büromaterial	43,02
07.12.	Kunde Mai zahlt Rechnung vom 5. November	640,00
09.12.	Briefmarken	40,00
10.12.	Dekorationsmaterial	88,76
10.12.	Kuchen für die Belegschaft	17,32

3.2 Von Bilanz zu Bilanz

3.2.1 Auflösung der Bilanz in Konten

Die Bilanz eines Unternehmens wird aufgelöst, indem für jede Bilanzposition ein eigenes Konto eingerichtet wird. Diese Konten bezeichnet man als **Bestandskonten**. Dabei bilden die Positionen der Aktivseite die **Aktivkonten** und die Positionen der Passivseite die **Passivkonten**. Auf jedes Konto wird der Anfangsbestand (AB) übertragen. Auf den Aktivkonten steht dieser Anfangsbestand im Soll, auf den Passivkonten steht er im Haben.

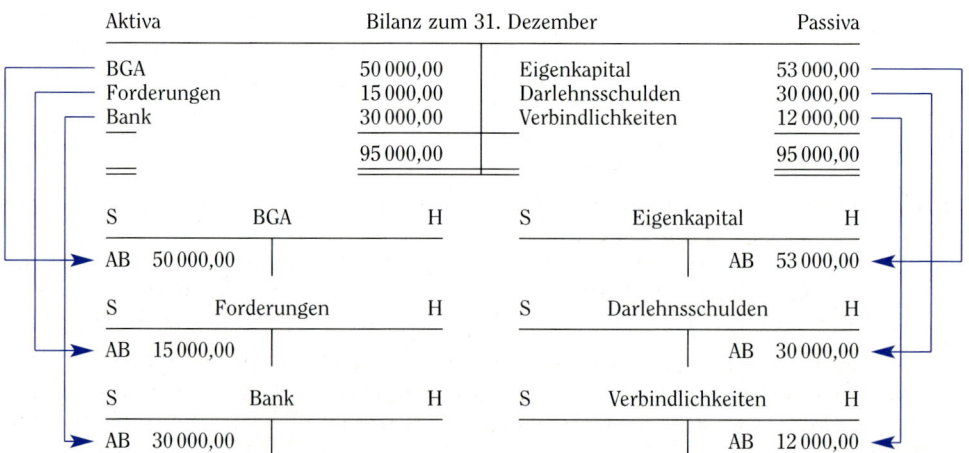

> **Merke**
> - Die Eröffnungsbilanz wird in Bestandskonten aufgelöst.
> - Auf der Aktivseite einer Bilanz stehen die Aktivkonten. Bei ihnen wird der Anfangsbestand auf der Sollseite eingetragen.
> - Auf der Passivseite einer Bilanz stehen die Passivkonten. Bei ihnen wird der Anfangsbestand auf der Habenseite eingetragen.

3.2.2 Buchen auf Bestandskonten

Situation Beim Reisebüro Albert Globus sollen folgende Geschäftsfälle gebucht werden:

	EUR
1. Kauf eines Schreibtischs gegen Bankscheck	800,00
2. Umwandlung einer kurzfristigen Verbindlichkeit in ein mittelfristiges Darlehn	5 000,00
3. Kauf eines Personal-Computers auf Ziel	6 500,00
4. Bezahlung von Schulden bei einem Reiseveranstalter durch Banküberweisung	2 400,00

Im Abschnitt 2.2.2 „Veränderungen in der Bilanz" wurde gezeigt, dass die Bilanz durch jeden Geschäftsfall auf (mindestens) zwei Positionen verändert wird. Dementsprechend berührt jeder Geschäftsfall auch (mindestens) zwei Konten. Man spricht dabei von der Buchung und der Gegenbuchung.

> **Merke**
> Vor dem Buchen eines Geschäftsfalles sind folgende Überlegungen anzustellen:
> 1. Welche Konten werden berührt?
> 2. Werden diese Konten vermehrt oder vermindert?
> 3. Handelt es sich um Aktiv- oder Passivkonten?
> 4. Auf welcher Kontenseite muss gebucht werden?

- **Geschäftsfall 1:** Bei diesem Geschäftsfall handelt es sich um einen **Aktivtausch**. Es werden die Konten BGA und Bank berührt. Beide Konten sind Aktivkonten. Das Konto BGA vermehrt sich um 800,00 EUR, das Konto Bank vermindert sich um 800,00 EUR. Da Mehrungen (Zugänge) immer auf der Seite des Anfangsbestandes gebucht werden, muss auf dem Konto BGA im Soll gebucht werden. Auf dem Konto Bank muss auf der entgegengesetzten Seite, also im Haben gebucht werden.
- **Geschäftsfall 2:** Hierbei handelt es sich um einen **Passivtausch**. Es werden die Passivkonten Darlehnsschulden und Verbindlichkeiten berührt. Die Darlehnsschulden vermehren sich und die Verbindlichkeiten vermindern sich jeweils um 5 000,00 EUR. Minderungen werden auf der dem Anfangsbestand entgegengesetzten Seite gebucht, also muss auf dem Konto Verbindlichkeiten im Soll und auf dem Konto Darlehnsschulden im Haben gebucht werden.
- **Geschäftsfall 3:** Bei dieser **Aktiv-Passiv-Mehrung** werden das Aktivkonto BGA und das Passivkonto Verbindlichkeiten berührt. Beide Konten nehmen zu, also muss jeweils auf der Seite des Anfangsbestandes gebucht werden. Bei dem Aktivkonto BGA ist das im Soll und beim Passivkonto Verbindlichkeiten im Haben.

- **Geschäftsfall 4:** Diese **Aktiv-Passiv-Minderung** verändert das Aktivkonto Bank und das Passivkonto Verbindlichkeiten. Beide Konten nehmen ab, daher muss jeweils auf der dem Anfangsbestand gegenüberliegenden Seite gebucht werden. Auf dem Konto Verbindlichkeiten ist das im Soll und auf dem Konto Bank im Haben.

(Kontenmäßige Darstellung siehe unten)

3.2.3 Abschluss der Bestandskonten

Nachdem alle Geschäftsfälle einer Periode gebucht wurden, müssen die einzelnen Konten abgeschlossen werden.

■ Kontenmäßige Darstellung

Eröffnung der Bestandskonten, der Buchungen und des Abschlusses der Bestandskonten:

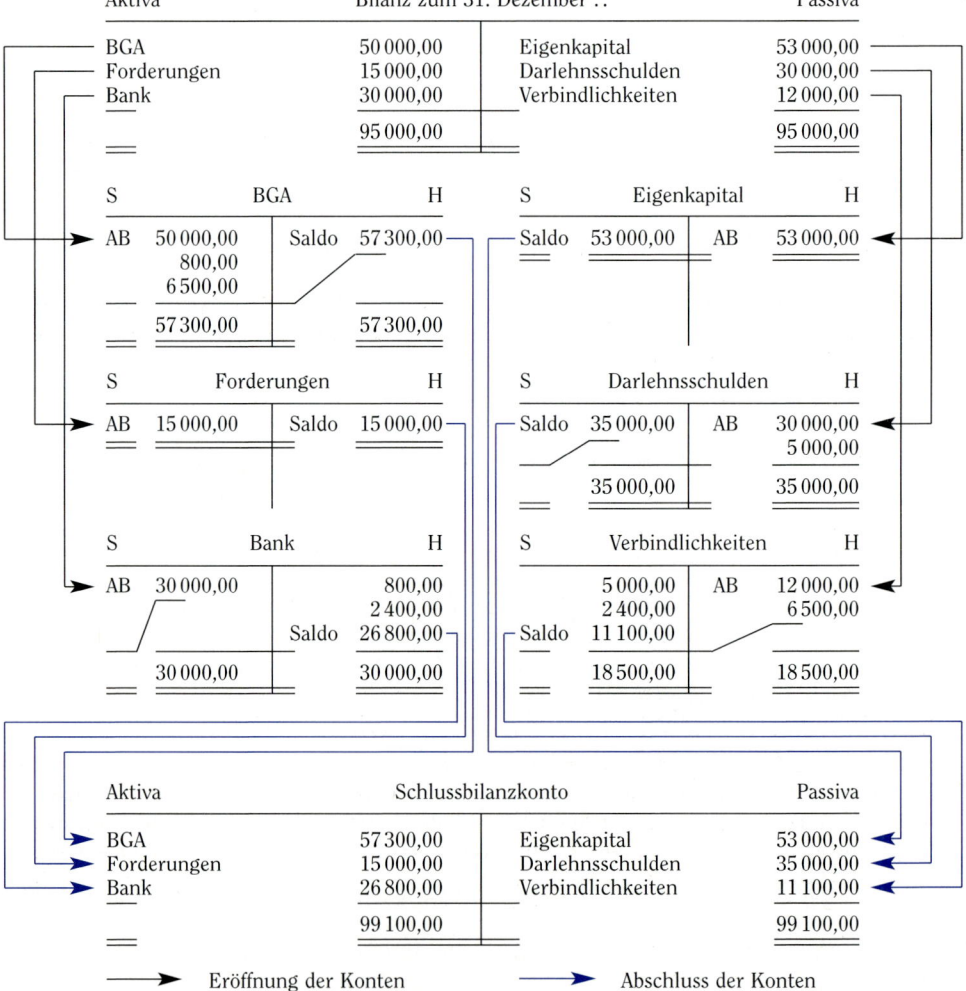

Von Bilanz zu Bilanz

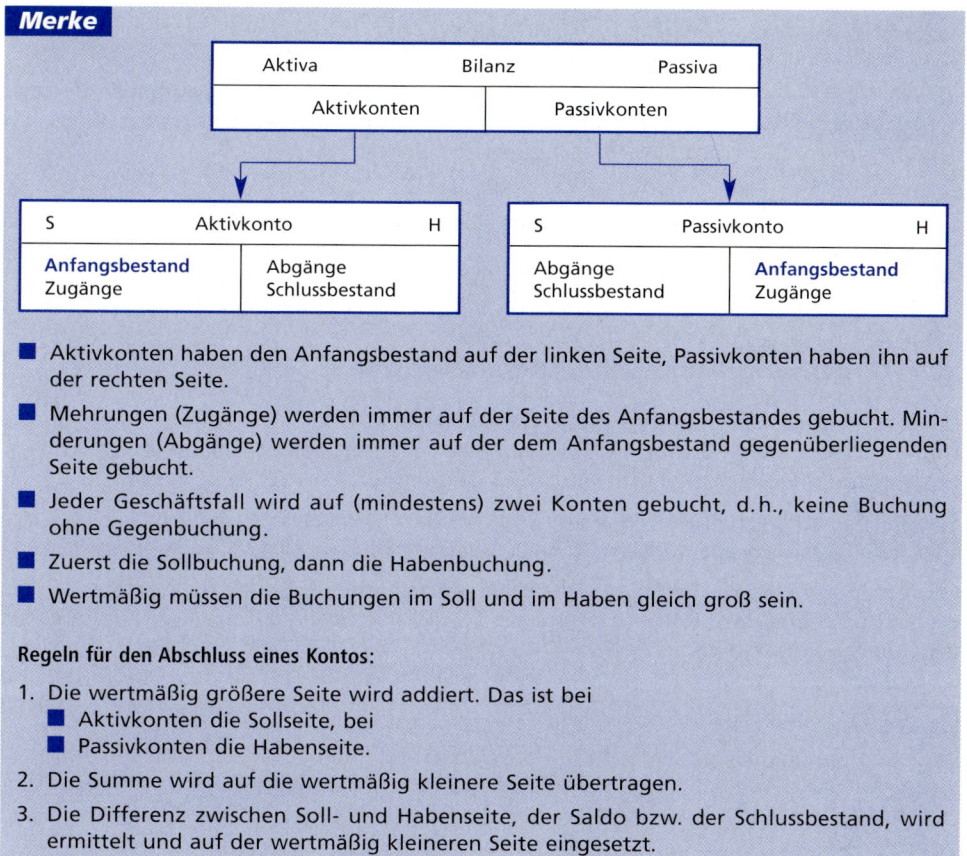

- Aktivkonten haben den Anfangsbestand auf der linken Seite, Passivkonten haben ihn auf der rechten Seite.
- Mehrungen (Zugänge) werden immer auf der Seite des Anfangsbestandes gebucht. Minderungen (Abgänge) werden immer auf der dem Anfangsbestand gegenüberliegenden Seite gebucht.
- Jeder Geschäftsfall wird auf (mindestens) zwei Konten gebucht, d.h., keine Buchung ohne Gegenbuchung.
- Zuerst die Sollbuchung, dann die Habenbuchung.
- Wertmäßig müssen die Buchungen im Soll und im Haben gleich groß sein.

Regeln für den Abschluss eines Kontos:

1. Die wertmäßig größere Seite wird addiert. Das ist bei
   - Aktivkonten die Sollseite, bei
   - Passivkonten die Habenseite.
2. Die Summe wird auf die wertmäßig kleinere Seite übertragen.
3. Die Differenz zwischen Soll- und Habenseite, der Saldo bzw. der Schlussbestand, wird ermittelt und auf der wertmäßig kleineren Seite eingesetzt.

Der Eintrag des Saldos (Schlussbestandes) stellt technisch eine Buchung dar. Zu jeder Buchung muss eine Gegenbuchung folgen. In diesem Fall ist es die auf dem Schlussbilanzkonto. Wenn der Schlussbestand auf einem Konto auf der Sollseite steht, muss er auf dem Schlussbilanzkonto (SBK) auf der Habenseite gebucht werden und umgekehrt.

3.2.4 Das Gegenkonto

Beim Buchen auf den Konten können Fehler auftreten. Man bucht zweimal im Soll, trägt unterschiedliche Beträge für den gleichen Geschäftsfall ein o.Ä. Um solche Fehler leichter finden und Zusammenhänge zwischen den einzelnen Positionen auf unterschiedlichen Konten herstellen zu können, wird auf den Konten vor dem Betrag das sog. **Gegenkonto** eingetragen. Das Gegenkonto ist das Konto, auf dem die Gegenbuchung erfolgt.

> **Beispiel** Barabhebung vom Bankkonto 500,00 EUR.

Die beiden Aktivkonten Bank und Kasse werden berührt. Das Konto Kasse nimmt zu, daher muss dort im Soll gebucht werden und beim Konto Bank, das sich vermindert, muss im Haben gebucht werden. Kontenmäßig sieht das folgendermaßen aus:

S	Kasse		H	S	Bank		H
AB	600,00			AB	4 500,00	Kasse	500,00
Bank	500,00						

3.2.5 Eröffnungs- und Schlussbilanzkonto

Die Systematik der Buchführung verlangt für jede Buchung eine Gegenbuchung. Dieses Prinzip wird nicht eingehalten, wenn die Anfangsbestände der Bilanz auf die Konten übertragen werden, weil dann nur einmal gebucht wird. Nach den GoB ist dieses Verfahren zulässig.

Soll die Systematik eingehalten werden, so kann zwischen Eröffnungsbilanz und Anfangsbeständen ein **Eröffnungsbilanzkonto** (EBK) eingerichtet werden, auf dem die Gegenbuchungen erfolgen.

Zwingend vorgeschrieben ist dagegen das **Schlussbilanzkonto** (SBK). Auf diesem Konto werden die Salden der einzelnen Konten eingetragen. Es ist **keine Schlussbilanz**, denn diese wird auf der Grundlage eines Inventars erstellt.

> **Merke**
> - Das Eröffnungsbilanzkonto ist ein Spiegelbild der Eröffnungsbilanz. Die Werte der Aktivkonten stehen im Haben, die Werte der Passivkonten im Soll.
> - Das Schlussbilanzkonto ergibt sich beim Abschluss der Konten aus den Werten der Buchführung.
> - Die Schlussbilanz ist ein zusammengefasstes Inventar.

Übungsaufgaben

1 Das Reisebüro Meier & Sohn, Nürnberg, hat am Jahresanfang u. a. die folgenden Bilanzwerte:

	EUR		EUR
BGA	32 000,00	Forderungen	12 800,00
Verbindlichkeiten	14 800,00	Darlehn	10 000,00
Fuhrpark	60 000,00	Bank	9 500,00
Kasse	4 500,00	Kundenanzahlungen	1 400,00

Ermitteln Sie mit diesen Angaben eine Eröffnungsbilanz. Buchen Sie die folgenden Geschäftsfälle und schließen Sie die Konten ab!

Geschäftsfälle: EUR
1. Ein Kunde überweist zum Ausgleich seiner Schulden 800,00
2. Kauf eines Schreibtisches auf Ziel 750,00
3. Tilgungsrate für Darlehen wird überwiesen 300,00
4. Verkauf eines gebrauchten Pkw bar 1 300,00
5. Einzahlung von Bargeld auf Bankkonto 800,00
6. Ein Kunde zahlt bar für eine Reise an 250,00

2 Karl Friedrichs eröffnet am 1. Oktober in Kassel ein Reisebüro. Die Eröffnungsbilanz weist die folgenden Werte auf:

	EUR		EUR
BGA	11 000,00	Fuhrpark	20 000,00
Bank	4 600,00	Kasse	2 500,00

Erstellen Sie die Eröffnungsbilanz, buchen Sie die Geschäftsfälle der ersten Woche und schließen Sie die Konten ab:

	EUR
1. Kauf eines gebrauchten Reisebusses, er wird durch ein Darlehn finanziert	120 000,00
2. Barkauf eines Tintenstrahldruckers	210,00
3. Ein Kunde zahlt für eine Reise mit einem Bankscheck an	150,00
4. Zielkauf eines neuen Schreibtisches	1 200,00
5. Barabhebung vom Bankkonto	500,00
6. Eine Tilgungsrate für das Darlehen wird überwiesen	1 400,00
7. Die Rechnung für den Schreibtisch (Fall 4) wird durch Banküberweisung beglichen	1 200,00

3.2.6 Der Buchungssatz

Situation Das Reisebüro Globus soll den nachstehenden Beleg im Grundbuch buchen.

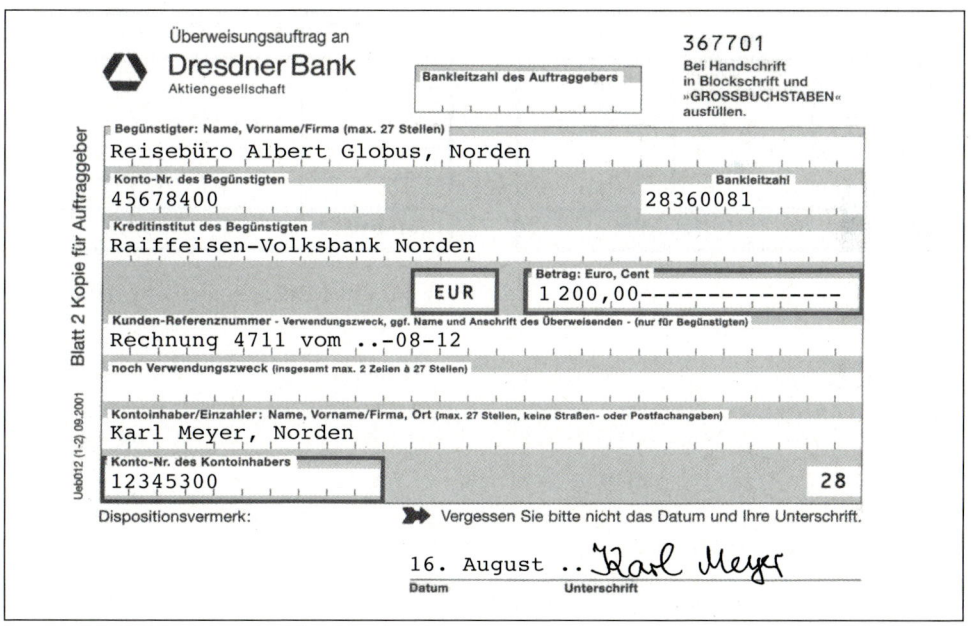

Eine ordnungsgemäße Buchführung muss nicht nur die sachliche Zugehörigkeit zu den Bilanzpositionen erkennen lassen, sondern auch die zeitliche Reihenfolge des Anfalls der Geschäftsfälle. Während die sachliche Zugehörigkeit auf den Konten im **Hauptbuch** festgehalten wird, ist die zeitliche (chronologische) Reihenfolge der Geschäftsfälle in einem **Grundbuch** (Tagebuch, Journal) erfasst.

Einfacher Buchungssatz

Grundlage einer jeden Buchung ist in der Praxis ein entsprechender Beleg. Einer der Grundsätze ordnungsgemäßer Buchführung lautet: „Keine Buchung ohne Beleg".

Beim oben stehenden Beleg handelt es sich um die Banküberweisung eines Kunden, der damit seine Schulden ausgleicht.

Ein Geschäftsfall wird für das Grundbuch als **Buchungssatz** formuliert. Dabei gilt folgende Regel:

> **Merke**
>
> **Sollkonto**
> **an Habenkonto**
> Zuerst wird immer das Konto genannt, auf dem auf der Sollseite gebucht wird. Es folgt das Wort „**an**". Dann folgt das Konto, auf dem auf der Habenseite gebucht wird.

Durch den abgebildeten Beleg werden Buchungen auf dem Konto Bank im Soll und auf dem Konto Forderungen im Haben ausgelöst. Damit erhält man den folgenden Buchungssatz:

Bank   1 200,00 EUR
    an Forderungen   1 200,00 EUR

In der Praxis wird diese Anweisung mithilfe eines Buchungsstempels auf dem Beleg notiert und könnte z. B. so aussehen:

Konto	Soll	Haben
Beleg-Nr.:		Gebucht:

Konto	Soll	Haben
Kontiert:		Gebucht:

Bevor die Geschäftsfälle einer Periode im Hauptbuch gebucht werden, sind die Buchungssätze im Grundbuch einzutragen.

> **Beispiel** Beim Reisebüro A. Globus sind drei Geschäftsfälle zu buchen:
> 1. Ein Kunde begleicht seine Schulden in Höhe von 1 200,00 EUR mit einem Bankscheck.
> 2. Die Rechnung eines Reiseveranstalters über 540,00 EUR wird durch eine Überweisung vom Postbankkonto beglichen.
> 3. Barabhebung vom Bankkonto 600,00 EUR.

Daraus ergibt sich das folgende Grundbuch:

Datum	Buchungstext	Soll/EUR	Haben/EUR
12.10.	Bank	1 200,00	
	an Forderungen		1 200,00
12.10.	Verbindlichkeiten	540,00	
	an Postbank		540,00
12.10.	Kasse	600,00	
	an Bank		600,00

Zusammengesetzter Buchungssatz

Durch einen Geschäftsfall können mehr als zwei Konten berührt werden.

Beispiele

1. Das Reisebüro Globus begleicht eine Rechnung über 600,00 EUR mit einem Bankscheck über 500,00 EUR und den Rest in bar.
2. Ein Kunde bezahlt seine Schulden in Höhe von 2 100,00 EUR mit einer Barzahlung von 500,00 EUR und einem Bankscheck über die Restsumme.

Für diese Geschäftsfälle werden **zusammengesetzte Buchungssätze** gebildet:

1. Verbindlichkeiten   600,00 EUR
        an Kasse   100,00 EUR
        an Bank   500,00 EUR
2. Bank   1 600,00 EUR
      Kasse   500,00 EUR
        an Forderungen   2 100,00 EUR

Auch hier muss die Summe der Soll- und Haben-Buchungen wertmäßig immer gleich groß sein.

Merke

- Ein Buchungssatz gibt an, auf welchen Konten ein Geschäftsfall zu buchen ist.
- Beim einfachen Buchungssatz werden zwei Konten berührt. Es wird zuerst das Konto genannt, auf dem im Soll gebucht wird. Nach dem Trennungswort „an" folgt das Konto der Habenbuchung.
- Zusammengesetzte Buchungssätze nennen vor und/oder nach dem „an" mehrere Konten. Soll- und Habenbuchungen sind auch hier wertmäßig gleich groß.
- Im Grundbuch werden alle Buchungssätze in zeitlicher Reihenfolge eingetragen.
- Im Hauptbuch wird nach sachlichen Gesichtspunkten auf Konten gebucht.

Übungsaufgaben

1 Bilden Sie die Buchungssätze für folgende Geschäftsfälle:

	EUR
1. Kauf eines Pkw gegen Bankscheck	20 000,00
2. Ein Kunde bezahlt seine Schulden durch Überweisung auf das Postbankkonto	860,00
3. Einzahlung von Bargeld auf das Bankkonto	600,00
4. Kauf eines Schreibtisches auf Ziel	1 200,00
5. Die Tilgungsrate für ein Darlehn wird überwiesen	400,00
6. Die Schulden bei einem Reiseveranstalter werden durch Überweisung vom Postbankkonto beglichen	1 400,00
7. Verkauf eines gebrauchten Pkw bar	2 200,00
8. Kauf eines neuen Reisebusses für Ein Drittel des Kaufpreises wird durch Bankscheck bezahlt, der Rest durch ein Darlehn finanziert.	750 000,00
9. Ein Kunde zahlt für eine Reise bar an	500,00

2 Welche Geschäftsfälle liegen den folgenden Buchungssätzen zugrunde?

		EUR	EUR
1.	Kasse	350,00	
	an Forderungen		350,00
2.	Kasse	800,00	
	an Bank		800,00
3.	Bank	400,00	
	an BGA		400,00
4.	Kasse	500,00	
	Postbank	400,00	
	an Forderungen		900,00
5.	Verbindlichkeiten	670,00	
	an Kasse		670,00
6.	Fuhrpark	25 000,00	
	an Verbindlichkeiten		25 000,00

4 Die Erfolgskonten

4.1 Buchen auf Erfolgskonten

Situation Das Reisebüro Globus muss die folgenden drei Belege buchen.

Beleg-Nr. 1

DEICHGRAF & CO.
BÜROBEDARFSGROSSHANDLUNG

Deichgraf & Co. · Schulstraße 55 · 26506 Norden

☎ 04931 5819

Reisebüro
Albert Globus
Neuer Weg 134
26506 Norden

Bankverbindungen:
Kreis- und Stadtsparkasse Norden
BLZ 283 500 00 Kto.-Nr. 1586 327

Oldenburgische Landesbank AG, Norden
BLZ 283 325 00 Kto.-Nr. 420 635

Postbankkonto Hannover
Kto.-Nr. 153 24-601
BLZ 250 100 300

Ust-IdNr. DE 234567891
St.-Nr. 062/111/4444

RECHNUNG

Nr. 2831
vom ..-10-28

Menge	Artikelbezeichnung	Einzelpreis EUR	Gesamtpreis EUR
10	Büroordner A4	6,50	65,00

Betrag erhalten
Norden, 28. Oktober ..

Beleg-Nr. 2

Quittung

Nr. 23

Netto EUR 650,00
+ % MwSt./EUR
Gesamt EUR

EUR In Worten Sechshundertfünfzig-----------------------
Cent wie oben

von Reisebüro Globus
für Norden
Miete Oktober

dankend erhalten.

Ort/Datum Norden, 1. Oktober ..

Buchungsvermerke   Stempel/Unterschrift des Empfängers
E. Müller

Albert Globus

Nah- und Fernreisen

Albert Globus · Neuer Weg 134 · 26506 Norden

Gesangverein Harmonia
Alleestraße 99
26506 Norden

Beleg-Nr. 3

| Ihr Zeichen/Ihre Nachricht vom | Unser Zeichen/unsere Nachricht vom ☎ 04931 12345 | Datum .. - 10 - 02 |

Wir führten für Sie durch:

Busfahrt am 30. September von Norden zum Steinhuder Meer und zurück.

    Gesamtbetrag: 800,00 EUR

Reisebüro A. Globus
i.A.
Friedrich   Betrag erhalten
                    2. Oktober ..

| Albert Globus
Nah- und Fernreisen
Neuer Weg 134
26506 Norden | Telefon 04 93 1 12345
Telefax 04 93 1 12346 | Bankverbindung
Raiffeisenbank Norden
BLZ 283 600 83 Konto-Nr. 32323232
Deutsche Bank AG Norden
BLZ 264 700 91 Konto-Nr. 443322-1 | Handelsregister
Norden A 4501
Ust-IdNr. DE 223344556
St.-Nr. 062/111/1234 |

Durch die bisher gebuchten Geschäftsfälle wurden nur Bestände der Bilanz verändert. Damit war die Buchführung lediglich eine Bestandsrechnung. Ziel eines Unternehmens ist es aber, Gewinn zu erzielen. Der Inhaber eines Unternehmens setzt Eigenkapital ein, um es durch Gewinn zu mehren, er geht aber auch das Risiko einer Kapitalminderung durch einen erzielten Verlust ein.

Die Buchungen, denen die drei vorstehenden Belege zugrunde liegen, verändern das Eigenkapitalkonto.[1]

Die beiden ersten Belege kennzeichnen Ausgaben für den Gebrauch und den Verbrauch von Leistungen und Gütern, die für den Betriebszweck erforderlich sind. So sind in einem Reisebüro auch betriebsnotwendige Ausgaben zu tätigen, z.B. Miete für Geschäftsräume, Benzin für den Pkw, Gehälter für Angestellte und Auszubildende. Diese Ausgaben bezeichnet man als **Aufwendungen**. Sie vermindern das Eigenkapital und müssten daher im Soll des Eigenkapitalkontos gebucht werden.

---

[1] Aus didaktischen Gründen wird bei der Einführung noch auf die Umsatzsteuer verzichtet. Insofern sind die Belege nicht völlig praxisgerecht.

Der dritte Beleg ist ein Beispiel für Einnahmen, die durch die Tätigkeit des Betriebes erzielt werden. Durchgeführte Busreisen, vermittelte Pauschalreisen und Flugtickets bringen dem Betrieb Einnahmen. Sie werden als **Erträge** bezeichnet, sie vermehren das Eigenkapital und müssten auf der Habenseite des Eigenkapitalkontos gebucht werden.

Der Erfolg eines Unternehmens wird durch die Höhe der Erträge und Aufwendungen bestimmt. Übersteigen die Erträge die Aufwendungen (positiver Erfolg), erzielt der Betrieb einen Gewinn, anderenfalls einen Verlust (negativer Erfolg).

Merke

- Das Eigenkapital wird durch Aufwendungen vermindert und durch Erträge vermehrt.
- Die Differenz zwischen Aufwendungen und Erträgen ergibt den Gewinn oder den Verlust einer Unternehmung.

Würden alle Aufwendungen und Erträge auf dem Eigenkapitalkonto gebucht, wäre das so umständlich und unübersichtlich wie das Aufstellen einer neuen Bilanz nach jedem Geschäftsfall. Man gliedert daher nicht nur die Bilanz in Konten auf, sondern bildet auch für das Eigenkapitalkonto Unterkonten, die **Erfolgskonten**. Sie werden in **Aufwandskonten** und **Ertragskonten** unterteilt.

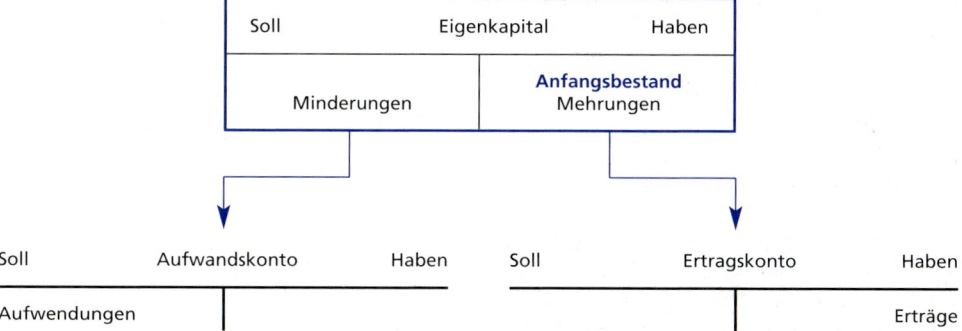

Im Unterschied zu den Bestandskonten (z.B. dem Eigenkapitalkonto) haben die Erfolgskonten keine Anfangsbestände. Während bei den Bestandskonten sowohl im Soll als auch im Haben gebucht wird, wird auf den Erfolgskonten in der Regel nur auf einer Seite gebucht.

Merke

- Auf Aufwandskonten wird grundsätzlich im Soll gebucht.
- Auf Ertragskonten wird grundsätzlich im Haben gebucht.

Die Belege auf den Seiten 29 und 30 werden damit folgendermaßen gebucht:

Grundbuch:

Beleg	Buchungstext	Soll/EUR	Haben/EUR
1.	Bürosachkosten	65,00	
	an Kasse		65,00
2.	Raumkosten	650,00	
	an Kasse		650,00
3.	Kasse	800,00	
	an Erträge aus Veranst. (EVA)		800,00

Aktiva		Eröffnungsbilanz		Passiva
BGA	20 000,00	Eigenkapital		17 000,00
Kasse	4 500,00	Verbindlichkeiten		7 500,00
	24 500,00			24 500,00

Nach Übertragung der Anfangsbestände ergeben sich folgende Buchungen im **Hauptbuch**:

S	BGA	H		S	Kasse	H
AB	20 000,00			AB	4 500,00	Raumk. 650,00
				EVA	800,00	Bürosachk. 65,00

S	Verbindlichkeiten	H		S	Eigenkapital	H
		AB 7 500,00				AB 17 000,00

S	Bürosachkosten	H		S	EVA	H
Kasse	65,00					Kasse 800,00

S	Raumkosten	H
Kasse	650,00	

4.2 Abschluss der Erfolgskonten

Um den Erfolg am Ende des Geschäftsjahres ermitteln zu können, müssen die Aufwendungen den Erträgen gegenübergestellt werden. Die Salden der Aufwands- und Ertragskonten werden nicht unmittelbar über das Eigenkapitalkonto, sondern über ein Sammelkonto abgeschlossen. Dieses Sammelkonto heißt **Gewinn- und Verlustkonto**, kurz **GuV**.

Der Saldo dieses Kontos ist der Gewinn oder der Verlust. Nur dieser Saldo wird auf das Eigenkapitalkonto übertragen. Damit ist das GuV-Konto ein unmittelbares Unterkonto des Eigenkapitalkontos.

Abschluss der Erfolgskonten

Es zeigt sehr anschaulich die Quellen des Erfolgs der Unternehmung.

■ **Gewinn (Positiver Unternehmenserfolg)**

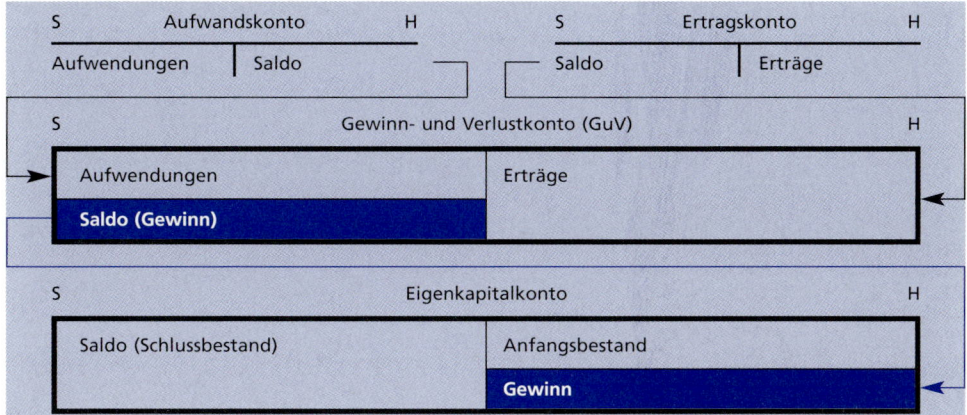

■ **Verlust (Negativer Unternehmenserfolg)**

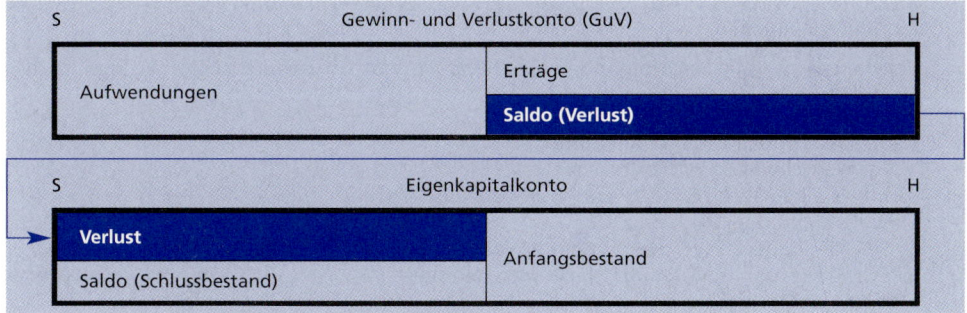

Werden die Erfolgskonten der Seite 32 abgeschlossen, ergibt sich folgendes Bild:

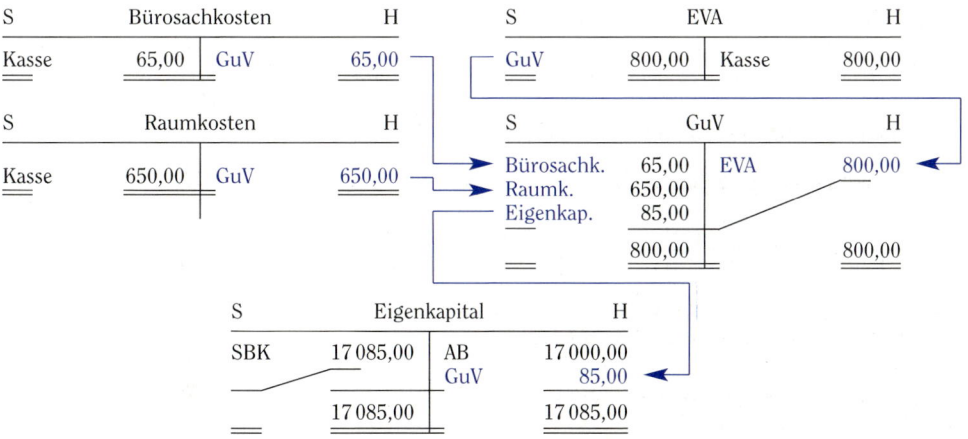

> **Merke**
> - Aufwands- und Ertragskonten werden über das Gewinn- und Verlustkonto abgeschlossen.
> - Die Buchungssätze für den Abschluss lauten:
>   GuV-Konto
>   an Aufwandskonto,
>   Ertragskonto
>   an GuV-Konto.
> - Sind die Erträge größer als die Aufwendungen, steht der Saldo auf der Sollseite des GuV-Kontos. Der Betrieb erzielt einen Gewinn.
> - Sind die Aufwendungen größer als die Erträge, steht der Saldo auf der Habenseite des GuV-Kontos. Der Betrieb erzielt einen Verlust.

Übungsaufgaben

1 Beim Reisebüro Johanna Voigt in Halle ergeben sich zum Jahresanfang folgende Werte in der Bilanz:

	EUR		EUR
BGA	80 000,00	Bankguthaben	32 000,00
Kasse	8 500,00	Verbindlichkeiten	11 600,00
Darlehnsschulden	20 000,00		

Erstellen Sie für die nachfolgenden Geschäftsfälle das Grundbuch! Eröffnen und buchen Sie auf Konten und schließen Sie diese ab!

	EUR
1. Zinsgutschrift auf dem Bankkonto	120,00
2. Fachzeitschriften werden bar bezahlt	35,00
3. Erhalt einer Rechnung für eine Werbeanzeige	190,00
4. Barzahlung der Geschäftsmiete	1 000,00
5. Telefongebühren werden vom Bankkonto abgebucht	450,00
6. Darlehnszinsen werden auf Bankkonto belastet	100,00

2 Anfangsbestände:

	EUR		EUR
Fuhrpark	80 000,00	BGA	33 000,00
Forderungen	12 000,00	Verbindlichkeiten	9 300,00
Bankguthaben	8 200,00	Kasse	4 100,00
Postbankguthaben	2 500,00	Darlehnsschulden	30 000,00

Erstellen Sie für die nachfolgenden Geschäftsfälle das Grundbuch! Eröffnen und buchen Sie auf Konten und schließen Sie diese ab!

	EUR
1. Barkauf von Druckerpapier	60,00
2. Kunde bezahlt Rechnung durch Banküberweisung	380,00
3. Telefonrechnung wird durch Postüberweisung beglichen	320,00
4. Veranstaltung einer Tagesfahrt nach Hamburg, die Kunden zahlen insgesamt bar	2 000,00
5. Der IHK-Beitrag wird durch Banküberweisung beglichen	200,00
6. Tankrechnung wird bar bezahlt	60,00
7. Verkauf eines gebrauchten Pkw auf Ziel	1 900,00
8. Ausbildungsvergütung für Azubi, bar	400,00
9. Kauf eines PC auf Ziel	1 500,00

3 Anfangsbestände:

	EUR		EUR
Gebäude	190 000,00	Hypothekenschulden	90 000,00
BGA	20 000,00	Forderungen	9 000,00
Verbindlichkeiten	6 000,00	Bankguthaben	31 000,00
Kasse	8 100,00		

Erstellen Sie für die nachfolgenden Geschäftsfälle das Grundbuch! Eröffnen und buchen Sie auf Konten und schließen Sie diese ab!

	EUR
1. Kauf eines Pkw auf Ziel	20 000,00
2. Ein Mieter überweist auf das Bankkonto	800,00
3. Ein Kunde begleicht eine Rechnung bar	280,00
4. Reparatur des Fotokopierers wird bar bezahlt	70,00
5. Banküberweisung – Hypothekenzinsen	300,00
– Tilgungsrate Hypothek	200,00
6. Veranstaltung einer Tagesfahrt nach Amsterdam, der Kunde erhält eine Rechnung über	3 100,00
7. Autohaus Meier schickt eine Rechnung für eine durchgeführte Inspektion	220,00
8. Barkauf von Büromaterial	90,00
9. Verkauf eines gebrauchten Computers gegen einen Bankscheck	180,00
10. Stromrechnung wird durch Banküberweisung beglichen	130,00
11. Ein Kunde wird mit Verzugszinsen belastet	60,00
12. Rechnung für den Pkw-Kauf (Fall 1) wird durch Banküberweisung beglichen	20 000,00
13. Zinsgutschrift der Bank	100,00

4 Anfangsbestände:

	EUR		EUR
Forderungen	35 000,00	Fuhrpark	80 000,00
Kasse	4 800,00	BGA	14 600,00
Darlehnsschulden	30 000,00	Verbindlichkeiten	12 000,00
Postbankguthaben	3 300,00	Bankguthaben	34 600,00

Erstellen Sie für die nachfolgenden Geschäftsfälle das Grundbuch! Eröffnen und buchen Sie auf Konten und schließen Sie diese ab!

	EUR
1. Postüberweisung einer Tilgungsrate für das Darlehn	1 000,00
2. Zinsgutschrift der Bank	150,00
3. Ein Kunde bezahlt eine von uns veranstaltete Fahrt mit einem Bankscheck über	6 000,00
4. Gehälter für die Auszubildenden werden mit Banküberweisung gezahlt	2 000,00
5. Barkauf von Druckerpapier	44,00
6. Banküberweisung der Miete für die Geschäftsräume	1 200,00
7. Ein Kunde begleicht eine Rechnung durch Postbanküberweisung	700,00
8. Kauf eines Personal-Computers auf Ziel	2 100,00
9. Die Telefonrechnung wird vom Postbankkonto abgebucht	350,00
10. Die Rechnung für den PC (Fall 8) wird durch Banküberweisung beglichen	2 100,00
11. Darlehnszinsen werden dem Bankkonto belastet	500,00
12. Banküberweisung der monatlichen Vorauszahlung an die Stadtwerke	400,00
13. Verkauf eines gebrauchten Pkw gegen einen Bankscheck über	2 000,00
14. Eine Anzeige im „Tageblatt" wird bar bezahlt	290,00

5 Erfassung von Reiseverkehrsleistungen

Industriebetriebe erzielen ihre Erträge durch die Produktion und den Verkauf von Gütern. Handelsbetriebe erwirtschaften Gewinne durch den Kauf und Verkauf von Gütern und Dienstleistungen. Reisebüros erbringen Dienstleistungen verschiedener Art für ihre Kunden und erzielen dadurch Erlöse.

Die verschiedenen Dienstleistungen eines Reisebüros lassen sich einteilen:

- Das Reisebüro tritt gegenüber dem Kunden als **Veranstalter** auf. Es handelt in **eigenem Namen**.
- Das Reisebüro tritt als **Vermittler** zwischen Kunden und Reiseveranstalter auf. Es handelt in **fremdem Namen**.
- Das Reisebüro tätigt oftmals darüber hinaus sonstige oder betriebsfremde Geschäfte, z.B. Verkauf von Reiseführern, Lotto-Toto-Annahme.

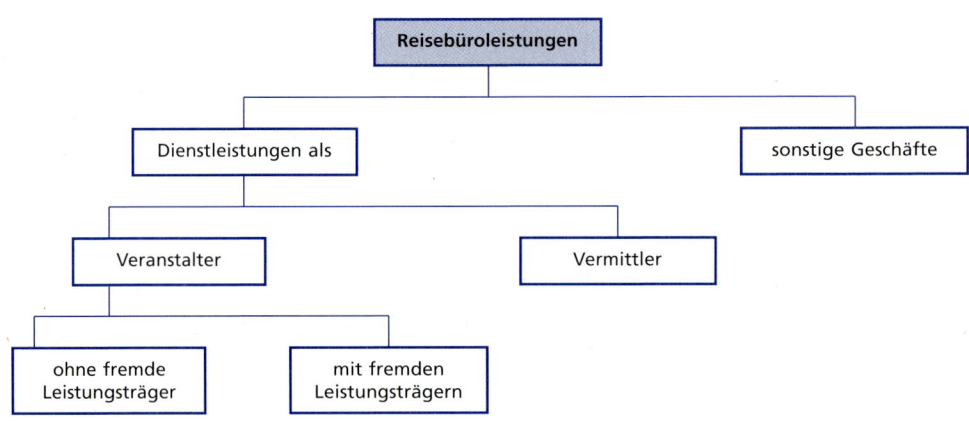

5.1 Das Reisebüro als Veranstalter

Veranstaltet ein Reisebüro eine Reise, schließt es mit dem Kunden einen Vertrag, z.B. einen Reisevertrag, im eigenen Namen ab. Vertragspartner sind Kunde und Reisebüro. Letzteres ist für die Durchführung der Reise voll verantwortlich und haftet gegenüber dem Kunden.

Dabei ist es unerheblich, ob die Reise nur mit eigenen Mitteln durchgeführt wird oder ob man sich fremder Leistungsträger bedient, etwa durch Anmietung eines Busses, um die Reise durchzuführen.

5.1.1 Veranstaltungen ohne fremde Leistungsträger

Situation Das Reisebüro Albert Globus in Norden veranstaltet eine Tagesfahrt mit dem eigenen Bus an das Steinhuder Meer. Der Gesangsverein „Harmonia" bucht 30 Plätze dieser Fahrt. Er erhält eine Rechnung über 800,00 EUR.

In diesem Fall erbringt das Reisebüro eine Eigenleistung, da die Reise mit dem eigenen Bus durchgeführt wird.

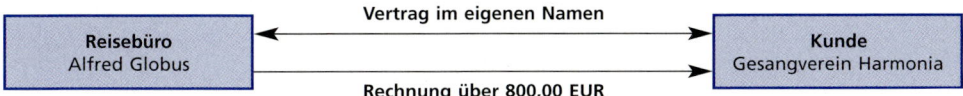

Zwischen Reisebüro und Kunde haben zwei „Transaktionen" stattgefunden, der Vertragsabschluss und die Rechnungserstellung. Für die Buchführung ist vor allem die Rechnungserstellung wichtig, weil nur hierdurch eine Wertveränderung ausgelöst wird.

■ Buchung bei Rechnungserstellung

1. Buchungssatz:

Text	Soll/EUR	Haben/EUR
Forderungen	800,00	
an Erlöse Veranstaltungen (EVA)		800,00

2. Kontenübersicht:

S	Forderungen	H	S	Erlöse Veranstaltungen (EVA)	H
EVA	800,00			Ford.	800,00

■ Buchungen bei Zahlung und Abschluss

1. Buchungssätze:

Text	Soll/EUR	Haben/EUR
a) **Der Kunde überweist auf Bankkonto**		
Bank	800,00	
an Forderungen		800,00
b) **Abschluss der Konten**		
Erlöse Veranstaltungen	800,00	
an GuV		800,00
SBK	800,00	
an Bank		800,00

2. Kontenübersicht:

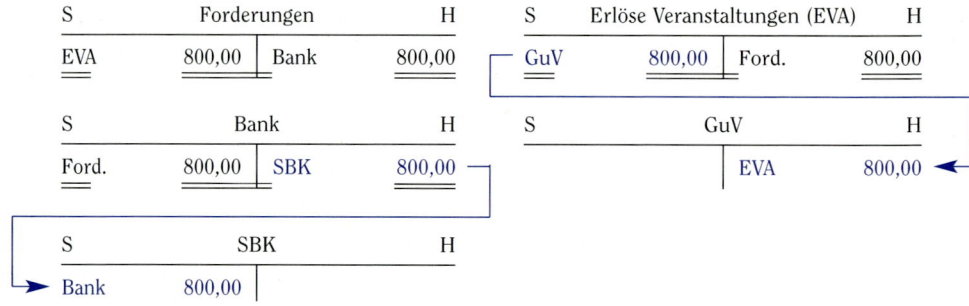

5.1.2 Veranstaltungen mit fremden Leistungsträgern

Situation Das Lehrerkollegium der BBS Norden bucht einen vom Reisebüro A. Globus angebotenen Tagesausflug mit Dampferfahrt auf der Ems. Die Fahrgäste werden in einem eigenen Bus von Norden nach Leer und zurück befördert. Für die Emsfahrt chartert das Reisebüro ein Schiff der Reederei „Teutonia" für 2 000,00 EUR. Das Lehrerkollegium erhält eine Rechnung über 3 500,00 EUR.

In diesem Fall kann oder will das Reisebüro die Reise nicht ohne Dritte veranstalten. Das ist z.B. dann der Fall, wenn es nicht über die erforderliche Buskapazität verfügt, wenn am Zielort Übernachtungs- oder Verpflegungsmöglichkeiten benötigt werden, wenn man fremde Reiseleiter einsetzt.

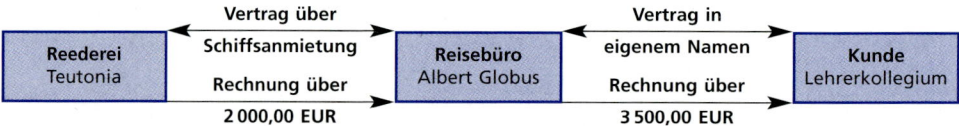

Hier bestehen nicht nur Verbindungen zwischen dem Veranstalter, dem Reisebüro Globus und dem Kunden, sondern auch zwischen dem Veranstalter und der Reederei, die Reisevorleistungen für diesen Ausflug erbringt. Es besteht aber keine Verbindung zwischen der Reederei und dem Kunden. Das bedeutet, dass das Reisebüro gegenüber dem Lehrerkollegium voll verantwortlich ist. Gibt es wegen der Schifffahrt irgendwelche Beanstandungen, muss das Reisebüro gegenüber dem Kunden haften.

■ Buchungen bei Rechnungserstellung

Anders als im vorigen Beispiel ist hier die Forderung gegenüber dem Kunden nicht der Ertrag des Reisebüros. Dieser ergibt sich erst dann, wenn die Summe der Reisevorleistungen, die fremde Leistungsträger erbracht haben, von der Gesamtforderung abgezogen wird.

Daher wird die Forderung gegenüber dem Kunden auf dem Konto „Umsätze Veranstaltungen (UVA)" und die Schulden gegenüber den fremden Leistungsträgern auf dem Konto „Verrechnung Veranstaltungen (VVA)" gebucht.

1. Buchungssätze:

Text	Soll/EUR	Haben/EUR

a) **Ausgangsrechnung an den Kunden**
    Forderungen
        an Umsätze Veranstaltungen (UVA)
	3 500,00	3 500,00

b) **Eingangsrechnung der Reederei**
    Verrechnung Veranstaltung (VVA)
        an Verbindlichkeiten
	2 000,00	2 000,00

2. Kontenübersicht:

S	Forderungen	H		S	Verbindlichkeiten	H
UVA	3 500,00				VVA	2 000,00

S	Verrechnung Veranstg. (VVA)	H		S	Umsätze Veranstg. (UVA)	H
Verb.	2 000,00				Ford.	3 500,00

■ Buchungen bei Rechnungserstellung

Schließt man das Konto VVA über das Konto UVA ab, so stellt der Saldo des Kontos UVA den Ertrag des Veranstalters dar. Dieser wird auf das Erlöskonto übertragen, indem man das Konto UVA über das Konto „Erlöse Veranstaltungen (EVA)" abschließt.

1. Buchungssätze:

Text	Soll/EUR	Haben/EUR

a) **Zahlungsvorgänge**
    Bank
        an Forderungen
	3 500,00	3 500,00

Verbindlichkeiten an Bank	2 000,00	2 000,00

b) **Abschluss der Konten**
    Umsätze Veranstaltungen (UVA)
        an Verrechnung Veranstaltungen (VVA)
	2 000,00	2 000,00

Umsätze Veranstaltungen (UVA) an Erlöse Veranstaltungen (EVA)	1 500,00	1 500,00
Erlöse Veranstaltungen (EVA) an GuV	1 500,00	1 500,00
SBK an Bank	1 500,00	1 500,00

2. Kontenübersicht:

S	Forderungen	H			S	Verbindlichkeiten	H	
UVA	3 500,00	Bank	3 500,00		Bank	2 000,00	VVA	2 000,00

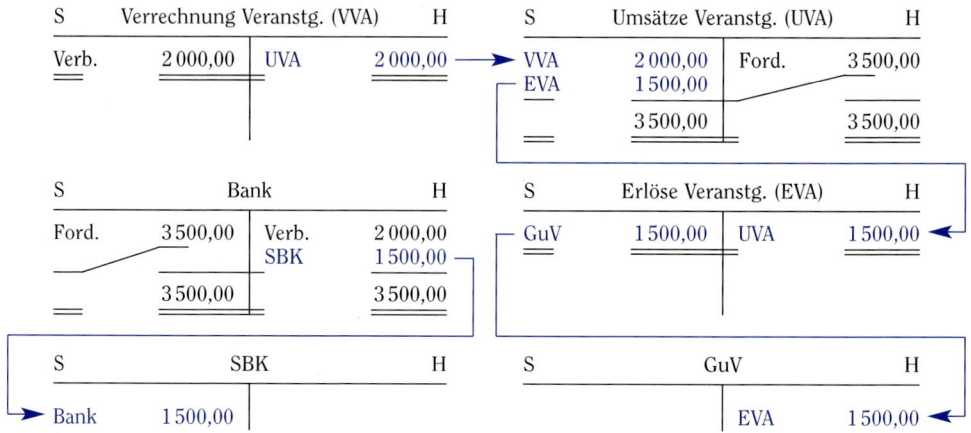

> **Merke**
> - Einnahmen aus Reisen ohne fremde Leistungsträger werden auf dem Konto Erlöse eigene Veranstaltungen (EVA) gebucht.
> - Einnahmen aus Reisen mit fremden Leistungsträgern werden auf dem Konto Umsätze eigene Veranstaltungen (UVA) gebucht, die entsprechende Reisevorleistungen auf dem Konto Verrechnungen eigene Veranstaltungen (VVA).
> - Das Konto VVA wird immer über das Konto UVA abgeschlossen. Das Konto UVA wird über EVA und dieses über GuV abgeschlossen.

Übungsaufgaben

1 Das Reisebüro Friederichs, Bremerhaven, veranstaltet einen Tagesausflug in die Lüneburger Heide. Die Fahrt wird mit einem eigenen Bus durchgeführt. An dieser Fahrt nehmen 48 Personen teil, die jeweils 12,50 EUR bar zahlen. Wie lautet der Buchungssatz?

2 Das Reisebüro Fritz Huber, Karlsruhe, führt am 1. Oktober mit einem eigenen Bus einen Tagesausflug für den Kegelverein „Lustige Pumpe" an den Bodensee durch. Der Verein erhält am gleichen Tag eine Rechnung über 600,00 EUR. Am 7. Oktober wird dieser Betrag überwiesen.

Bilden Sie die notwendigen Buchungssätze, buchen Sie im Hauptbuch und schließen Sie die Konten ab!

3 Das Reisebüro Hansa, Hamburg, veranstaltet am 28. und 29. November eine zweitägige Fahrt in den Harz. Für die Fahrt mietet das Büro einen Bus der Firma Auto-Jäger. Übernachtet wird im Hotel Brockenblick. An der Fahrt nehmen 50 Personen teil. Jeder zahlt 59,90 EUR bar. Am 8. Dezember erhält Hansa eine Rechnung des Hotels über 1 800,00 EUR, die am 14. Dezember durch Banküberweisung beglichen wird. Am 20. Dezember schickt der Busunternehmer eine Rechnung über 950,00 EUR.

Bilden Sie die notwendigen Buchungssätze, buchen Sie auf Konten und schließen Sie diese zum 31. Dezember ab!

4 Das Reisebüro Basche, Ulm, veranstaltet für den Trachtenverein „Donauschwalben" eine Wochenendfahrt in den Schwarzwald.
  a) Der Verein erhält eine Rechnung über 4 800,00 EUR, die sofort bar bezahlt wird.
  b) Die Fahrt wird mit einem vom Busunternehmen „Donnerpfeil" gemieteten Bus durchgeführt. Das Unternehmen schickt eine Rechnung über 1 200,00 EUR.
  c) Im Reisepreis inbegriffen ist eine Kaffeetafel im Cafe „Waldblick". Die Rechnung über 200,00 EUR wird vom Reiseleiter bar bezahlt.
  d) Es wird im Hotel „Zur Schwarzwaldklinik" übernachtet, das eine Rechnung über 1 450,00 EUR zusendet.
  e) Die Rechnungen des Busunternehmens und des Hotels werden durch Banküberweisung beglichen.

  Bilden Sie die Buchungssätze. Buchen Sie die Vorgänge auf Konten. Schließen Sie die Konten ab.

5 Anfangsbestände:

	EUR		EUR
Fuhrpark	60 000,00	BGA	30 000,00
Forderungen	12 000,00	Verbindlichkeiten	9 000,00
Bank	10 000,00	Kasse	8 500,00

Geschäftsfälle:

		EUR
1.	Wir erhalten eine Rechnung für eine Werbeanzeige über	250,00
2.	Mit unserem eigenen Bus führen wir einen Tagesausflug in den Teutoburger Wald durch, 55 Fahrgäste zahlen bar	1 072,50
3.	Tanken wird bar bezahlt	60,00
4.	Für den Fußball-Fanclub „Grüne Haie" führen wir eine Fahrt zum Bundesligaspiel Eintracht–Borussia durch. Wir besorgen die Eintrittskarten und fahren mit unserem Bus. Der Fanclub erhält eine Rechnung über	3 000,00
5.	Die Eintrittskarten für das Bundesligaspiel werden von uns mit Bankscheck bezahlt	2 000,00
6.	Barkauf von Briefmarken	200,00
7.	Wir begleichen die Rechnung für die Werbeanzeige (Fall 1) durch Banküberweisung	250,00
8.	Wir veranstalten eine 14-tägige Harzfahrt. Die Fahrgäste zahlen insgesamt durch Banküberweisung. Die Unterbringung erfolgt im Hotel „Bergeshöh". Die Beförderung wird mit unserem Bus durchgeführt.	16 000,00
9.	Wir erhalten die Rechnung des Hotels über	11 400,00
10.	Der Fanclub (Fall 4) überweist auf unser Bankkonto	3 000,00
11.	Banküberweisung des Beitrages an den DRV	200,00

Bilden Sie die Buchungssätze, buchen Sie im Hauptbuch und schließen Sie die Konten ab!

5.2 Das Reisebüro als Vermittler

Im Gegensatz zu seiner Tätigkeit als Veranstalter tritt hier das Reisebüro nicht in eigenem Namen auf. Es handelt für die Veranstalter von Reiseleistungen und schließt mit den Kunden **Verträge in deren Namen ab**. Vertragspartner sind dabei nicht Reisebüro und Kunde, sondern Veranstalter und Kunde.

Für seine Vermittlungstätigkeit erhält das Reisebüro vom Veranstalter eine Provision, die dieser allerdings schon in den Reisepreis einkalkuliert hat.[1]

---
[1] Hier werden keine Fälle berücksichtigt, in denen Veranstalter/Carrier so genannte Nettopreise in Rechnung stellen, auf die das Reisebüro eine Servicegebühr aufschlagen soll.

5.2.1 Vermittlung einer Reise ohne Anzahlung

Situation

1. Familie Schulze bucht beim Reisebüro A. Globus eine vom Reiseveranstalter „ABC-Reisen", Goslar, angebotene Harz-Pauschalreise für 2 500,00 EUR. Der Preis wird sofort mit einem Bankscheck bezahlt.
2. Der Reiseveranstalter schickt die Reiseunterlagen und die Rechnung über 2 500,00 EUR abzüglich 10 % Provision.

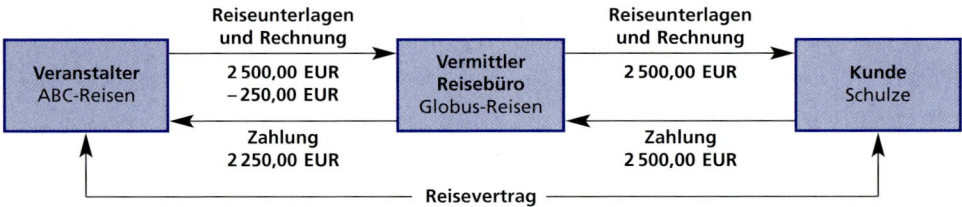

■ **Buchung bei Abschluss des Vertrages**

1. Buchungssatz:

Text	Soll/EUR	Haben/EUR
Bank	2 500,00	
an Umsätze Vermittlungen (UVM)		2 500,00

2. Kontenübersicht:

S	Bank	H	S	Umsätze Vermittl. (UVM)	H
UVM	2 500,00			Bank	2 500,00

■ **Buchung bei Eingang der Rechnung des Veranstalters**

Für das Reisebüro entsteht hierbei eine Verbindlichkeit gegenüber dem Reiseveranstalter, die auf dem Konto „Verrechnung Vermittlung" (VVM) erfasst wird. Dieses Konto dient zum Ausgleich des Kontos „Umsätze Vermittlung" (UVM). Die vom Reiseveranstalter gewährte Provision stellt den Erlös für die Tätigkeit des Reisebüros dar und wird auf dem Konto „Erlöse Vermittlungen" (EVM) gebucht. Die Provision wird in der Regel nicht gesondert gezahlt, sondern vom Reisebüro einbehalten, indem die Verbindlichkeit gegenüber dem Reiseveranstalter gemindert wird[1].

---

[1] Es gibt auch Reiseveranstalter, die direkt mit dem Kunden abrechnen. In diesem Fall überweist der Veranstalter die Provision direkt an das Reisebüro.

1. Buchungssatz:

Text	Soll/EUR	Haben/EUR
Verrechnung Vermittlung (VVM)	2 500,00	
an Verbindlichkeiten		2 250,00
an Erlöse Vermittlungen		250,00

2. Kontenübersicht:

S	Verrech. Vermittl. (VVM)	H		S	Verbindlichkeiten	H
Verb., EVM	2 500,00				VVM	2 250,00

S	Erlöse Vermittl. (EVM)	H
	VVM	250,00

▪ Abschluss der Konten

Das Konto VVM wird über das Konto UVM abgeschlossen. Dadurch gleichen sich die beiden Konten aus, weil aus diesem Geschäftsfall keine weiteren Transaktionen entstehen können[1]. Das Erlöskonto EVM ist über das Gewinn- und Verlustkonto (GuV) abzuschließen.

1. Buchungssätze:

Text	Soll/EUR	Haben/EUR
Umsätze Vermittlungen (UVM)	2 500,00	
an Verrechnung Vermittlung (VVM)		2 500,00
Erlöse Vermittlungen (EVM)	250,00	
an GuV		250,00

2. Kontenübersicht:

S	Verrech. Vermittl. (VVM)	H		S	Umsätze Vermittl. (UVM)	H
Verb., EVM	2 500,00	UVM 2 500,00 →		VVM	2 500,00	Bank 2 500,00

S	GuV	H		S	Erlöse Vermittl. (EVM)	H
	EVM	250,00 ←		GuV	250,00	VVM 250,00

---

[1] Am Jahresende kann es vorkommen, dass Reisen verkauft und folglich bereits auf dem Konto UVM gebucht werden, die entsprechende Rechnung des Veranstalters jedoch noch nicht eingegangen ist. In diesem Fall ist das Konto UVM nicht ausgeglichen und weist einen Saldo auf. Dieser Saldo stellt eine Leistungsverbindlichkeit des Reisebüros dar und muss über das Schlussbilanzkonto abgeschlossen werden.

5.2.2 Vermittlung einer Reise mit Anzahlung

Situation Herr Meier bucht beim Reisebüro A. Globus eine Karibik-Kreuzfahrt, die vom Reiseveranstalter „Happy-Tours", Frankfurt am Main, durchgeführt wird. Der Reisepreis beträgt 5 200,00 EUR. Das Reisebüro verlangt von Herrn Meier eine Vorauszahlung von 500,00 EUR, die dieser bar bezahlt. Die Reiseunterlagen werden später gegen Zahlung der Restsumme durch einen Bankscheck ausgehändigt. Der Reiseveranstalter schickt gleichzeitig mit den Unterlagen die Rechnung. Er gewährt 12 % Provision.

Vielfach wird vom Kunden ein bestimmter Prozentsatz des Reisepreises als Anzahlung verlangt. Die Reiseunterlagen werden dann später gegen die Restzahlung ausgehändigt.

Durch die Anzahlung des Kunden entsteht für das Reisebüro eine vorläufige Verbindlichkeit gegenüber dem Kunden, die auf dem Konto „Kundenanzahlungen" erfasst werden muss. Dieses Konto ist, wie auch andere Verbindlichkeiten, ein Passivkonto. Sollte es am Jahresende einen Saldo aufweisen, ist dieser über das Schlussbilanzkonto (SBK) abzuschließen.

1. Buchungssätze:

Text	Soll/EUR	Haben/EUR
Kasse	500,00	
an Kundenanzahlungen		500,00
Kundenanzahlungen	500,00	
Bank	4 700,00	
an Umsätze Vermittlungen (UVM)		5 200,00
Verrechnung Vermittlungen (VVM)	5 200,00	
an Verbindlichkeiten		4 576,00
an Erlöse Vermittlungen (EVM)		624,00

2. Kontenübersicht:

S	Kasse	H		S	Kundenanzahlungen	H
Kundenanz. 500,00				UVM 500,00		Kasse 500,00

S	Bank	H		S	Umsätze Vermittl. (UVM)	H
UVM 4 700,00						Bank, KuA. 5 200,00

S	Verrech. Vermittl. (VVM)	H		S	Verbindlichkeiten	H
Verb., EVM 5 200,00						VVM 4 576,00

S	Erlöse Vermittl. (EVM)	H
		VVM 624,00

Der Abschluss wird wie im vorherigen Beispiel durchgeführt.

Das Reisebüro als Vermittler

> **Merke**
>
> ■ Die aus der Vermittlung von Reisen erzielten Einnahmen werden auf dem Konto Umsätze Vermittlungen (UVM) gebucht.
>
> ■ Die entsprechenden Rechnungen der Reiseveranstalter werden auf dem Konto Verrechnungen Vermittlungen (VVM) gebucht.
>
> ■ Die Provision der Reiseveranstalter stellt das Entgelt des Reisebüros für die erbrachte Leistung dar und wird auf dem Konto Erlöse Vermittlungen (EVM) gebucht.

Übungsaufgaben

1 Das Reisebüro Rainer Bergmann verkauft eine Pauschalreise der „XYZ-Reisen", Hamburg, nach Brasilien. Der Preis der Reise beträgt 3 800,00 EUR. Der Kunde zahlt am 1. Dezember für diese Reise 400,00 EUR mit einem Bankscheck an. Die Abrechnung des Veranstalters, der 9 % Provision gewährt, trifft am 10. Dezember ein. Der Kunde erhält die Reiseunterlagen am 14. Dezember gegen einen Bankscheck über die Restsumme ausgehändigt. Die Rechnung des Veranstalters wird am 29. Dezember durch Banküberweisung beglichen.

Buchen Sie diese Transaktionen und schließen Sie die Konten ab. Achten Sie auf die Termine.

2 Anfangsbestände:

	EUR		EUR
Fuhrpark	300 000,00	BGA	40 000,00
Darlehnsschulden	90 000,00	Bank	18 000,00
Forderungen	12 000,00	Kasse	9 000,00
Verbindlichkeiten	6 400,00		

Geschäftsfälle: EUR

1. Veranstaltung einer Tagesfahrt mit dem eigenen Bus in den Teutoburger Wald. Die Kunden bezahlen insgesamt bar — 920,00
2. Banküberweisung: Darlehnszinsen — 200,00
   Tilgungsrate Darlehn — 300,00
3. Ein Kunde bucht eine Schwarzmeerkreuzfahrt für 4 200,00 EUR. Er zahlt bar an — 400,00
4. Eingang der Rechnung des Kreuzfahrtveranstalters. Die Provision beträgt 9 %
5. Die Reiseunterlagen für die Kreuzfahrt werden dem Kunden gegen einen Bankscheck über die Restsumme ausgehändigt
6. Tagesausflug mit dem eigenen Bus für den Schützenverein „Sichere Hand". Der Verein erhält eine Rechnung über — 750,00
7. Banküberweisung für die Telefonrechnung — 400,00
8. Autohaus Meier schickt eine Rechnung für die am Pkw durchgeführte Inspektion über — 200,00
9. Vermittlung eines 14-tägigen Aufenthalts auf einem Bauernhof in der Lüneburger Heide. Der Kunde zahlt bar — 1 800,00
10. Banküberweisung an den Bauernhofbesitzer (für Fall 9) nach Abzug von 15 % Provision
11. Tanken wird bar bezahlt — 70,00
12. Ein Kunde bucht eine Griechenland-Pauschalreise der „Antik-Tours", Düsseldorf. Der Katalogpreis beträgt 3 200,00 EUR. Der Kunde zahlt 10 % des Reisepreises bar an

Bilden Sie die Buchungssätze, buchen Sie im Hauptbuch und schließen Sie die Konten ab!

3 Anfangsbestände:

	EUR		EUR
Fuhrpark	190 000,00	BGA	55 000,00
Hypothekenschulden	220 000,00	Gebäude	300 000,00
Verbindlichkeiten	7 200,00	Bank	44 000,00
Forderungen	9 000,00	Kasse	7 000,00

Geschäftsfälle: EUR

1. Verkauf eines Fluges von Bremen nach Frankfurt. Der Kunde bezahlt mit Scheck — 420,00
2. Die Fluggesellschaft schickt die Abrechnung. Sie gewährt 10 % Provision
3. Veranstaltung einer Wochenendfahrt an den Bodensee. Dazu wird ein Bus der Firma „Bus-Reisen" gechartert. Übernachtet wird im Hotel „Seeblick". Die Fahrgäste überweisen auf das Bankkonto insgesamt — 7 900,00
4. Eingangsrechnung der Firma „Bus-Reisen" über — 2 100,00
5. Die Rechnung des Hotels „Seeblick" über — 3 200,00 wird vom Reiseleiter sofort mit einem Bankscheck bezahlt
6. Banküberweisung der Gewerbesteuer — 300,00
7. Banküberweisung an die Fluggesellschaft (Fall 2)
8. Verkauf eines gebrauchten Schreibtisches gegen einen Bankscheck — 200,00
9. Verkauf einer Thailand-Pauschalreise der „Asienreisen", Berlin. Der Kunde zahlt bar — 3 100,00
10. Der Reiseveranstalter (Fall 9) schickt die Rechnung unter Berücksichtigung von 10 % Provision.
11. Die Firma „Müller & Sohn" bucht einen von uns angebotenen Tagesausflug, den wir mit unserem eigenen Bus durchführen. Der Kunde erhält eine Rechnung über — 600,00
12. Der Auszubildende erhält seine Ausbildungsvergütung überwiesen — 450,00
13. Ein Kunde bucht eine Schwarzwaldpauschalreise der „ABC-Reisen", Freiburg. Der Katalogpreis von — 2 500,00 wird durch einen Bankscheck bezahlt
14. Ein Mieter überweist für den laufenden Monat auf unser Bankkonto — 500,00
15. Ein Fehlbetrag in der Kasse wird festgestellt — 14,50
16. Eine Rechnung für ein Werbeflugblatt trifft ein — 220,00
17. Das Hotel „Paradies" in München überweist — 260,00 als Provision für die Vermittlung mehrerer Übernachtungsgäste

Bilden Sie die Buchungssätze, buchen Sie im Hauptbuch und schließen Sie die Konten ab!

4 Anfangsbestände:

	EUR		EUR
BGA	30 000,00	Forderungen	9 400,00
Verbindlichkeiten	6 100,00	Gebäude	120 000,00
Hypothekenschulden	80 000,00	Kasse	8 300,00
Bank	22 000,00	Fuhrpark	60 000,00

Geschäftsfälle: EUR

1. Barkauf von Schreibmaschinenpapier — 40,00
2. Tagesausflug mit eigenem Bus in die Rhön. Die Fahrgäste zahlen insgesamt bar — 980,00
3. Banküberweisung der START-Gebühren — 220,00
4. Verkauf eines Flugscheines Hannover–Rom. Der Kunde bezahlt mit Bankscheck — 650,00
5. Die Fluggesellschaft bucht den Flugpreis unter Berücksichtigung von 9 % Provision vom Bankkonto ab

Zusammenarbeit mit anderen Reisebüros

	EUR
6. Eine Realschulklasse bucht eine von uns mit eigenem Bus veranstaltete Tagesfahrt nach Dresden. Die Schule erhält eine Rechnung über	880,00
7. Veranstaltung einer mehrtägigen Fahrt in den Bayerischen Wald mit dem eigenen Bus. Die Übernachtung erfolgt im Hotel „Waldesruh". Die Fahrgäste überweisen insgesamt auf das Bankkonto	9 400,00
8. Die Rechnung des Hotels „Waldesruh" über wird sofort mit einem Bankscheck beglichen	7 800,00
9. Banküberweisung der Feuerversicherungsprämie	200,00
10. Ein Mieter überweist die Miete auf das Bankkonto	780,00
11. Zielkauf eines Schreibtischs	1 200,00
12. Ein Kunde leistet für eine Italienreise, die von „Fern-Reisen", München, angeboten wird, eine zehnprozentige Baranzahlung auf den Reisepreis von	6 600,00
13. Dem Kunden werden Reiseunterlagen gegen einen Bankscheck über die Restsumme ausgehändigt	
14. „Fern-Reisen" schicken Abrechnung. Die Provision beträgt 12 %. Der fällige Betrag wird sofort überwiesen	
15. Die Reparatur an einem PC wird bar bezahlt	180,00
16. Ein Veranstalter überweist die Provision für vermittelte Reisen	6 350,00
17. Zinsgutschrift der Bank über	125,00
18. Lohn für die Raumpflegerin wird bar bezahlt	670,00

Bilden Sie die Buchungssätze, buchen Sie im Hauptbuch und schließen Sie die Konten ab!

5.3 Zusammenarbeit mit anderen Reisebüros

5.3.1 Verkauf einer eigenen Veranstaltung durch ein anderes Reisebüro

Situation Das Reisebüro A. Globus veranstaltet eine Tagesfahrt mit dem eigenen Bus an die Mecklenburgische Seenplatte. „Exclusiv-Reisen" verkaufen zwanzig Plätze für diese Busfahrt. Am 17. Mai schickt das Reisebüro Globus eine Ausgangsrechnung über insgesamt 620,00 EUR. Auf diesen Betrag wird eine Provision von 15 % gewährt. Den fälligen Betrag in Höhe von 527,00 EUR überweist „Exclusiv-Reisen" am 31. Mai.

Häufig kommt es vor, dass ein Reisebüro Reisen veranstaltet, die auch von anderen Reisebüros angeboten und verkauft werden. In diesen Fällen ist das veranstaltende Reisebüro zur Zahlung einer Provision verpflichtet.

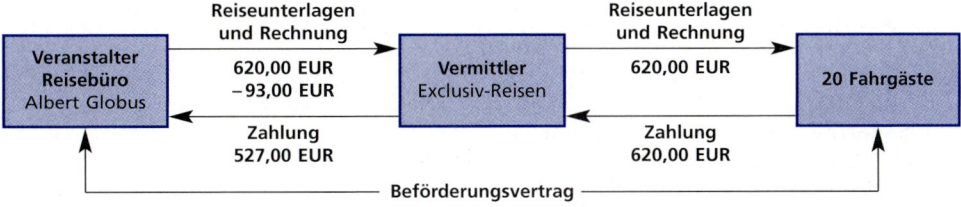

Die gewährte Provision sind für den Veranstalter Aufwendungen, die auf dem Konto „Vertretungskosten" gebucht werden. Dieses Konto wird wie alle anderen Aufwandskonten über GuV abgeschlossen. Der um die Provision geminderte Reisepreis ist die Forderung an das andere Reisebüro.

1. Buchungssätze:

Text	Soll/EUR	Haben/EUR
Forderungen	527,00	
Vertretungskosten	93,00	
an EVA		620,00
Bank	527,00	
an Forderungen		527,00

2. Kontenübersicht:

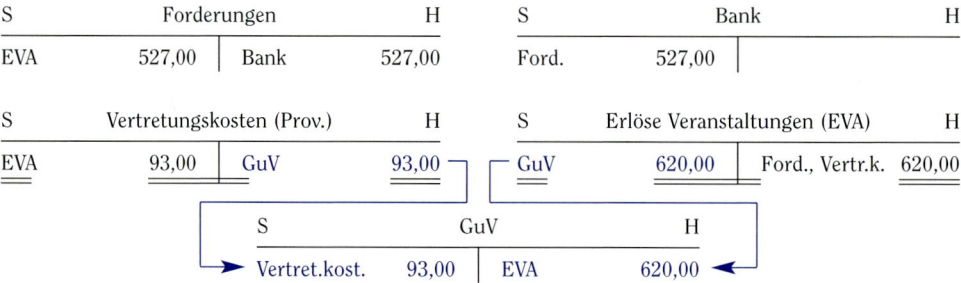

5.3.2 Weitergabe einer Vermittlungsprovision an ein anderes Reisebüro

Situation Das Reisebüro A. Globus als IATA-Agentur vermittelt für das Reisebüro Krause einen Flug Bremen–Amsterdam mit der „Ikarus-Air". Der Flugpreis beträgt 450,00 EUR. Die Fluggesellschaft gewährt 9 % Provision, die zur Hälfte an den Unteragenten weitergegeben wird.

Es kommt auch vor, dass vom Reisebüro vermittelte Leistungen weitervermittelt werden. Das kann z.B. der Fall sein, wenn ein Reisebüro Leistungen über ein DB/DER-Reisebüro oder eine IATA-Agentur bezieht.

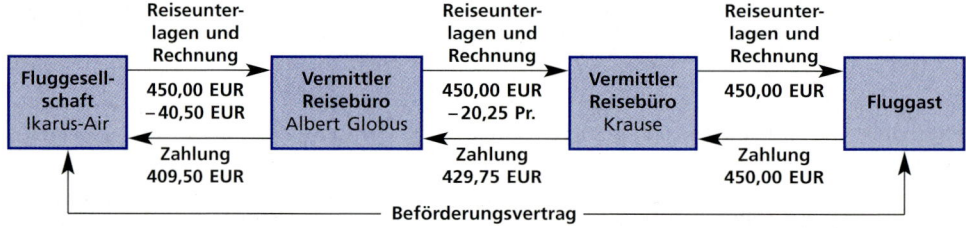

1. Buchungssätze:

Text	Soll/EUR	Haben/EUR
a) **Ausgangsrechnung an Reisebüro Krause**		
Forderungen	429,75	
Vertretungskosten	20,25	
an Umsätze Flugverkehr		450,00
b) **Eingangsrechnung der „Ikarus-Air"**		
Verrechnung Flugverkehr	450,00	
an Verbindlichkeiten		409,50
an Erlöse Flugverkehr		40,50

2. Kontenübersicht:

S	Forderungen	H		S	Verbindlichkeiten	H
UFV	429,75				VFV	409,50

S	Verrechnung Flugverkehr	H		S	Umsätze Flugverkehr	H
Verb., EFV	450,00	UFV 450,00		VFV	450,00	Ford., Vertr. 450,00

S	Vertretungskosten (Prov.)	H		S	Erlöse Flugverkehr	H
UFV	20,25	GuV 20,25		GuV	40,50	VFV 40,50

S	GuV	H
Vertr.kost. 20,25		EFV 40,50

Merke

Gewährt ein Reisebüro einem anderen Reisebüro Provisionen für eine Leistung, so wird diese auf dem Konto Vertretungskosten gebucht.

Übungsaufgaben

1 Das DER-Reisebüro Meier & Sohn, Nürnberg, veranstaltet mit dem eigenen Bus eine Wochenendfahrt auf die Insel Rügen zum Preis von 120,00 EUR pro Person. Im eigenen Büro werden Reisen an 30 Personen verkauft, die alle bar zahlen. „ABC-Reisen" in Coburg verkaufte weitere 25 Plätze. Meier & Sohn schickte eine Rechnung über 3 000,00 EUR abzüglich 20 % Provision. An Reisevorleistungen (Übernachtungen, Eintrittsgelder, Führungen) wurden insgesamt 4 200,00 EUR sofort mit Bankschecks bezahlt.

Bilden Sie die Buchungssätze beim Reisebüro Meier & Sohn. Buchen Sie auf Konten und schließen Sie diese ab!

2 „ABC-Reisen" bucht eine DB-Fahrkarte zum Preis von 140,00 EUR über das DER-Reisebüro Meier & Sohn. Meier & Sohn schicken die Fahrkarte zusammen mit der Rechnung abzüglich 4 % Provision. Die Bahn gewährt 10 % Provision. Der fällige Betrag wird sofort vom Bankkonto abgebucht.

Bilden Sie die Buchungssätze beim Reisebüro Meier & Sohn. Buchen Sie auf Konten und schließen Sie diese ab!

6 Kontenrahmen und Kontenplan

6.1 Aufgabe des Kontenrahmens

Die Buchführung eines Unternehmens dient unter anderem dazu, Vergleiche mit anderen Betrieben duchführen zu können. Das setzt voraus, dass in den Unternehmen die Buchführung nach einheitlichen Grundsätzen organisiert ist und die Geschäftsfälle auf den gleichen Konten gebucht werden.

Um eine klare Übersicht über die Kontenarten zu ermöglichen, wurde für alle Unternehmen einer Branche ein einheitlicher Kontenrahmen[1] aufgestellt, z.B. für die Industrie, den Großhandel, das Handwerk, das Reisebürogewerbe.

Ein einheitlicher Kontenrahmen

- ermöglicht die Übersicht über alle Konten und die einheitliche Bezeichnung für alle Konten und
- ist Voraussetzung für die Vergleichbarkeit von Betrieben innerhalb einer Branche.

6.2 Aufbau des Kontenrahmens

In einem Kontenrahmen sind alle Kontenbezeichnungen enthalten, die in dieser Branche vorkommen können. Außerdem ist jedem Konto eine Kontonummer zugeordnet. Der Aufbau dieser Kontonummern richtet sich nach dem Dezimalsystem.

Der Kontenrahmen für das Reisebürogewerbe enthält **zehn Kontenklassen**:

Klasse 0   Anlage- und Finanzkonten
Klasse 1   Finanz- und Privatkonten
Klasse 2   Abgrenzungskonten
Klasse 3   Verrechnungskonten
Klasse 4   Betriebliche Aufwendungen
Klasse 5   Aufwendungen für den Wareneinsatz und Bestandsveränderungen
Klasse 6   Vorräte
Klasse 7   Umsatzkonten
Klasse 8   Erlöskonten
Klasse 9   Abschlusskonten

Jede dieser Kontenklassen wird in **zehn Kontengruppen** gegliedert, die weiter in **Kontenarten** unterteilt werden.

Gekennzeichnet werden

- Kontenklassen durch **ein**stellige Zahlen,
- Kontengruppen durch **zwei**stellige Zahlen,
- Kontenarten durch **drei**stellige Zahlen.

---

[1] Im Anhang ist der vom DRV empfohlene (leicht modifizierte) Kontenrahmen abgedruckt. Dieser Kontenrahmen wird bei den IHK-Prüfungen zugrunde gelegt.

> **Beispiele**
>
> Kontenklasse   1   = Finanz- und Privatkonten
> Kontengruppe 14   = Forderungen aus Reisebüroleistungen
> Kontenart   141 = Forderungen gegen Firmenkunden
>   147 = zweifelhafte Forderungen
>
> Kontenklasse   8   = Erlöskonten
> Kontengruppe 81   = Erlöse Touristik Reisevermittlung
> Kontenart   810 = Erlöse aus Reisevermittlung
>   811 = Erlöse aus Schiffspassage

Die erste Ziffer der Kontonummer zeigt, zu welcher Kontenklasse das jeweilige Konto gehört. Die zweite Ziffer gibt die Kontengruppe und die dritte Ziffer das Konto selbst an.

6.3 Kontenplan

Nicht jedes Reisebüro benötigt alle im Kontenrahmen aufgeführten Konten. Die Betriebe entwickeln daher aus dem vorgegebenen Kontenrahmen einen Kontenplan, der nur diejenigen Konten enthält, die vom jeweiligen Unternehmen benötigt werden. Es kann auch vorkommen, dass zusätzliche Konten eingerichtet werden, um die individuellen Belange des Betriebes berücksichtigen zu können.

7 Die Umsatzsteuer

7.1 Wesen der Umsatzsteuer

Situation Norbert Krause, ein langjähriger Stammkunde des Reisebüros Albert Globus, plant einen längeren Urlaub in Australien und möchte dafür eingehende Informationen haben. Das Reisebüro beschafft für ihn zwei Videofilme und stellt sie ihm in Rechnung (vgl. Belege Seite 53).

Sowohl beim Einkauf als auch beim Verkauf der Videofilme ist der Staat beteiligt, er verlangt Umsatzsteuer (Mehrwertsteuer).

Nach dem Umsatzsteuergesetz sind u.a. folgende Umsätze steuerpflichtig:
- Lieferungen (z.B. Warenverkäufe) und Leistungen eines Unternehmens im Inland gegen Entgelt
- Private Entnahmen von Gegenständen des Unternehmens zum Eigenverbrauch
- Wareneinfuhr aus dem Ausland

Gegenwärtig beträgt der allgemeine Umsatzsteuersatz 19 %. Für bestimmte Güter – u.a. Lebensmittel, Bücher und Zeitschriften und einige Personenbeförderungsleistungen im Nahverkehr – wird ein ermäßigter Steuersatz von 7 % erhoben.

Die wenigsten Waren oder sonstigen Leistungen in einer modernen Volkswirtschaft werden direkt vom Erzeuger an den Endverbraucher verkauft. In aller Regel wird die Ware in mehreren aufeinander folgenden Produktionsstufen erzeugt und dann vom Groß- und Einzelhandel an den Verbraucher geliefert. Dabei wird die Ware von Stufe zu Stufe teurer. Die Differenz zwischen den Nettoeinkaufspreisen und den Nettoverkaufspreisen einer Stufe bezeichnet man als **Mehrwert**.

Dieser Mehrwert ist seit 1968 Grundlage für die Berechnung der Umsatzsteuer. Daher wird sie im allgemeinen Sprachgebrauch auch als Mehrwertsteuer bezeichnet.

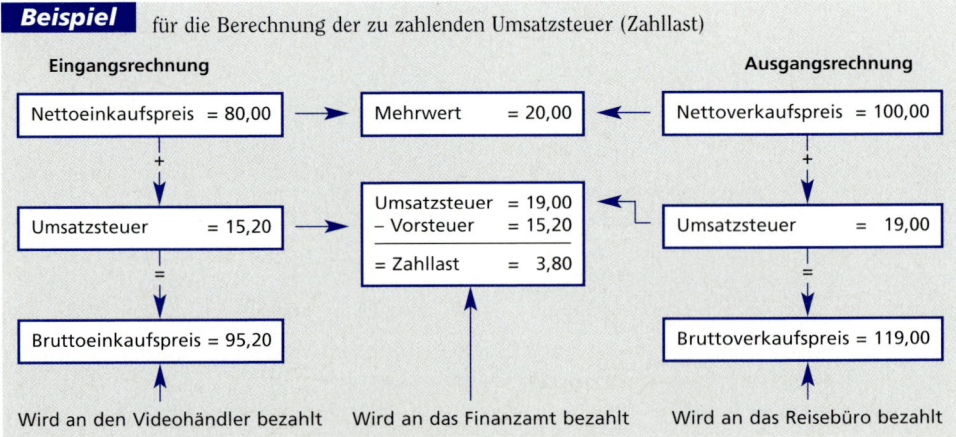

Beispiel für die Berechnung der zu zahlenden Umsatzsteuer (Zahllast)

Beleg-Nr. 1

Videoworld GmbH
Herstellung und Vertrieb von Videofilmen

Videoworld GmbH · Kirchplatz 35 · 28755 Bremen

Reisebüro
Alfred Globus
26506 Norden

Rechnung

Bei Zahlungen und Mitteilungen bitte angeben

Ihre Bestellung vom	Ihr Zeichen/Best.-Nr.	Ihre Kunden-Nr.	Buchungs-Nr.	Rechnungs-Datum
..-12-06		2403	32231	..-12-11

Lfd. Nr.	Menge	Art.-Nr.	Artikelbezeichnung	Einzelpreis EUR	Gesamtpreis EUR
1	1	2700	Der fünfte Kontinent	40,00	40,00
2	1	2703	Durch Australiens Wüste	40,00	40,00

Zahlbar innerhalb 8 Tagen mit 2 % Skonto
innerhalb 30 Tagen netto Kasse

USt.pfl. Umsatz	USt.-Satz	USt.-Betrag EUR	Rechnungsbetrag
80,00	19 %	15,20	95,20 EUR

Videoworld GmbH
Kirchplatz 35
26755 Bremen

Bankverbindung
Commerzbank Bremen BLZ 280 800 00
Konto-Nr. 87654-3

Geschäftsführer
Elisabeth Kahlmann
Telefon 0421 44 55 66

Handelsregister
Bremen B 12003
USt-IdNr. DE 987654321
St.-Nr. 058/111/3222

Beleg-Nr. 2

Albert Globus
Nah- und Fernreisen

Albert Globus · Neuer Weg 134 · 28506 Norden

Herrn
Norbert Krause
Alleestraße 99
26506 Norden

Ihr Zeichen/Ihre Nachricht vom | Unser Zeichen/unsere Nachricht vom | ☎ 04931 12345 | Datum ..-12-18

Wir lieferten Ihnen heute die folgenden Videofilme:

    1 Der fünfte Kontinent   50,00
    1 Durch Australiens Wüste   50,00
                         netto   100,00
                    + 19 % USt   19,00
              Rechnungsbetrag   119,00   EUR

Bitte überweisen Sie den Rechnungsbetrag ohne Abzüge umgehend auf eines der unten angegebenen Konten.
Mit freundlichen Grüßen
Reisebüro A. Globus
                                    i.A. Friedrich

Albert Globus
Nah- und Fernreisen
Neuer Weg 134
26506 Norden

Telefon 04931 12345
Telefax 04931 12346

Bankverbindung
Raiffeisenbank Norden
BLZ 283 600 83   Konto-Nr. 32323232
Deutsche Bank AG Norden
BLZ 284 700 91   Konto-Nr. 443322-1

Handelsregister
Norden A 4501

USt-IdNr. DE 223344556
St.-Nr. 062/111/1234

Im linken Teil des Schaubilds auf Seite 52 unten erkennt man, dass der Videohändler für seine Filme insgesamt 95,20 EUR verlangt. Der von ihm als Erzeuger geschaffene Mehrwert beträgt 80,00 EUR; davon verlangt der Staat 15,20 EUR Umsatzsteuer, die der Händler an das Finanzamt abführen muss.

Diesen Betrag verlangt er aber auf seiner Rechnung ans Reisebüro zurück. Das Reisebüro seinerseits berechnet dem Kunden insgesamt 119,00 EUR. Die Filme haben jetzt einen Nettowarenwert von 100,00 EUR. Ein Mehrwert von 20,00 EUR ist entstanden, der mit 3,80 EUR versteuert werden muss.

Dieser Betrag, die **Zahllast**, wird ermittelt, indem man von der Umsatzsteuer, die dem Kunden vom Reisebüro in Rechnung gestellt wird, die so genannte **Vorsteuer** abzieht. Die Vorsteuer ist die Umsatzsteuer, die das Reisebüro an den Verlag bezahlt hat.

Die Umsatzsteuer wird letztlich nicht von den Unternehmen getragen, sondern von Stufe zu Stufe weitergegeben. Sie stellt damit lediglich einen durchlaufenden Posten in der Buchführung der Betriebe dar. Nur der Endverbraucher kann die Umsatzsteuer nicht mehr an andere übergeben und muss sie allein tragen. Die Umsatzsteuer ist damit eine indirekte Steuer, weil sie zwar von den Unternehmen an das Finanzamt gezahlt, aber vom Endverbraucher getragen wird.

> **Merke**
> - Den Unterschied zwischen Nettoeinkaufspreis und Nettoverkaufspreis bezeichnet man als Mehrwert.
> - Für jeden erzielten Mehrwert muss ein Unternehmen Umsatzsteuer an das Finanzamt abführen.
> - Der Letztverbraucher ist alleiniger Träger der Umsatzsteuer, die für die Unternehmen nur einen durchlaufenden Posten darstellt.
> - Die Zahllast eines Unternehmens wird ermittelt, indem man von der Umsatzsteuer die Vorsteuer abzieht.

7.2 Buchhalterische Erfassung der Umsatzsteuer

Situation Die Belege auf Seite 53 sollen vom Reisebüro A. Globus gebucht werden.

Bei den beiden Rechnungen handelt es sich nicht um typische Reisebüroleistungen, sondern um eine Lieferung von Waren. Der Wareneinkauf muss daher auf dem Konto „Warenvorräte" und der -verkauf auf dem Konto „Erlöse Warenverkauf" gebucht werden. Beim Abschluss der Warenkonten muss der Wareneinsatz schießlich auf dem Konto „Aufwendungen für bezogene Waren" erfasst werden.

Die in der Eingangsrechnung geforderte Umsatzsteuer hat den Charakter einer Forderung gegenüber dem Finanzamt, sie wird auf dem Konto Vorsteuer gebucht. Die vom Reisebüro in Rechnung gestellte Umsatzsteuer stellt eine Verbindlichkeit gegenüber dem Finanzamt dar, sie wird auf dem Konto Umsatzsteuer gebucht.

Buchung der Rechnungen

1. **Buchungssätze:**

Text	Soll/EUR	Haben/EUR
a) **Eingangsrechnung**		
Warenvorräte	80,00	
Vorsteuer	15,20	
an Verbindlichkeiten		95,20
b) **Ausgangsrechnung**		
Forderungen	119,00	
an Erlöse Warenverkauf		100,00
an Umsatzsteuer		19,00
c) **Abschluss der Warenkonten**		
Aufwend. f. bez. Waren	80,00	
an Warenvorräte		80,00
GuV	80,00	
an Aufwend. f. bez. Waren		80,00
Erlöse Warenverkauf	100,00	
an GuV		100,00

2. **Kontenübersicht:**

S	(160) Verbindlichkeiten	H
	Warenvor., VSt	95,20

S	(140) Forderungen	H
Erl. WV, USt 119,00		

S	(610) Warenvorräte	H
Verb. 80,00	Auf. bez. Ware	80,00

S	(871) Erlöse Warenverkauf	H
GuV 100,00	Ford.	100,00

S	(510) Aufw. für bezogene Ware	H
Warenvor. 80,00	GuV	80,00

S	(920) GuV	H
Auf. bez. Ware 80,00	Erl. WV	100,00

S	(155) Vorsteuer	H
Verb. 15,20		

S	(172) Umsatzsteuer	H
	Ford.	19,00

Ermittlung der Zahllast und Abschluss der Steuerkonten

Zur Ermittlung der Zahllast sind die beiden Steuerkonten monatlich abzuschließen. Dabei ist zu unterscheiden, welches der beiden Steuerkonten größer ist.

Im vorliegenden Beispiel ist das Konto Umsatzsteuer größer als das Konto Vorsteuer. Bei den meisten Betrieben ist das Monat für Monat der Regelfall. Der andere Fall, das sog. Vorsteuerguthaben, wird im Abschnitt 7.3.3 auf Seite 60 behandelt.

Um die Umsatzsteuerschuld zu ermitteln, wird das wertmäßig kleinere Konto über das wertmäßig größere Konto abgeschlossen. In diesem Fall wird also das Vorsteuerkonto über das Umsatzsteuerkonto abgeschlossen. Der sich ergebende Saldo des Umsatzsteuerkontos stellt die Verbindlichkeit gegenüber dem Finanzamt dar. Sie muss durch eine **Umsatzsteuervoranmeldung** bis spätestens zum 10. des folgenden Monats beim Finanzamt angemeldet und bezahlt sein.

Das Konto Umsatzsteuer ist ein Passivkonto. Am Jahresende muss es über das Schlussbilanzkonto abgeschlossen werden. Diesen Vorgang, der im Folgenden dargestellt wird, bezeichnet man als **Passivierung der Zahllast**.

1. Buchungssätze:

Text	Soll/EUR	Haben/EUR
Umsatzsteuer	15,20	
an Vorsteuer		15,20
Umsatzsteuer	3,20	
an SBK		3,20

2. Kontenübersicht:

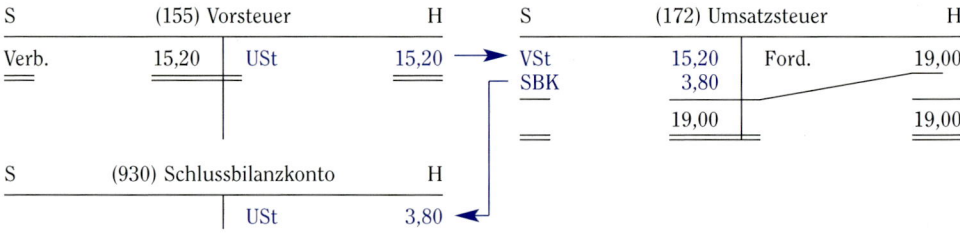

- **Bezahlung der Zahllast im folgenden Monat (USt-Vorauszahlung)**

Die Begleichung der Zahllast z. B. durch Banküberweisung wird wie die Bezahlung jeder anderen Verbindlichkeit behandelt.

1. Buchungssatz:

Text	Soll/EUR	Haben/EUR
Umsatzsteuer	3,80	
an Bank		3,80

2. Kontenübersicht:

S	(12) Bank	H	S	(172) Umsatzsteuer	H
	USt 3,80		Bank 3,80	AB 3,80	

> **Merke**
> - Beim Kauf und Verkauf von Gütern wird auf den Konten nur der Nettowert gebucht.
> - Beim Kauf von Gütern wird auf dem Konto Vorsteuer gebucht, beim Verkauf auf dem Konto Umsatzsteuer.
> - Buchhalterisch wird die Umsatzsteuerschuld ermittelt, indem das wertmäßig kleinere Konto (Umsatz- oder Vorsteuer) über das wertmäßig größere Konto (Umsatz- oder Vorsteuer) abgeschlossen wird.
> - Die ermittelte Zahllast ist am Jahresende zu passivieren. Sie muss bis zum 10. des Folgemonats an das Finanzamt abgeführt werden.

7.3 Allgemeine Fälle zur Umsatzsteuer

7.3.1 Die Umsatzsteuer beim Anlagenkauf und -verkauf

Situation Im Reisebüro A. Globus sind die folgenden Geschäftsfälle zu buchen:

1. Kauf eines Schreibtischs auf Ziel.
   Der Einkaufspreis beträgt

	netto	900,00 EUR
	+ 19 % USt	171,00 EUR
	brutto	1 071,00 EUR

2. Ein gebrauchter Pkw wird zum Buchwert verkauft. Der Käufer zahlt mit einem Bankscheck.
   Der Verkaufspreis beträgt

	netto	6 000,00 EUR
	+ 19 % USt	1 140,00 EUR
	brutto	7 140,00 EUR

Die Umsatzsteuer wird bei den meisten Käufen und Verkäufen fällig, die ein Unternehmen tätigt. Das trifft auch für den Kauf und den Verkauf von Anlagegütern zu, die für die betriebliche Leistungserstellung erforderlich sind, z.B. Reisebusse, Schreibtische, Schreib- und Rechenmaschinen.

Wie beim Warenein- und -verkauf wird die an ein anderes Unternehmen gezahlte USt als Vorsteuer behandelt und auf diesem Konto gebucht, während die dem Käufer in Rechnung gestellte USt auf dem Konto Umsatzsteuer gebucht wird.

1. Buchungssätze:

Text	Soll/EUR	Haben/EUR
a) **Kauf und Verkauf der Anlagegüter**		
BGA	900,00	
VSt	171,00	
an Verbindlichkeiten		1 071,00
Bank	7 140,00	
an Fuhrpark		6 000,00
an USt		1 140,00
b) **Abschluss der Konten**		
USt	171,00	
an VSt		171,00
USt	816,00	
an SBK		816,00

2. Kontenübersicht:

S	(025) BGA	H
Verb. 900,00		

S	(023) Fuhrpark	H
AB 6 000,00		Bank 6 000,00

S	(160) Verbindlichkeiten	H
		BGA, VSt 1 071,00

S	(120) Bank	H
Fuhrp. USt 7 140,00		

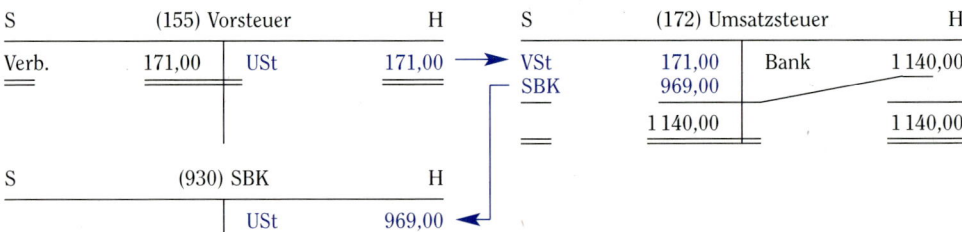

7.3.2 Die Umsatzsteuer bei betrieblichen Aufwendungen

Situation Im Reisebüro A. Globus sind die beiden Belege (s. Seite 59) zu buchen.

In fast allen Rechnungen, die ein Unternehmen erhält, ist die Umsatzsteuer gesondert ausgewiesen. Dies ist in § 14 des Umsatzsteuergesetzes festgelegt. Bei Beträgen bis 150,00 EUR reicht die Angabe des Bruttobetrages (einschl. USt); aus dem Beleg muss jedoch die Höhe des Umsatzsteuersatzes ersichtlich sein.

In sehr vielen Fällen werden durch diese Rechnungen betriebliche Aufwendungen belegt. Sofern sie nicht von Privatleuten oder Kaufleuten, die aufgrund ihres geringen Umsatzes von der Umsatzsteuer befreit sind, ausgestellt sind, kann die enthaltene Umsatzsteuer vom Reisebüro als Vorsteuer abgezogen werden.

Viele Leistungen der Deutschen Post AG, Versicherungsleistungen und die meisten Bankleistungen (z.B. Zinsen und Gebühren) sind umsatzsteuerfrei. Daher kann in diesen Fällen auch keine Vorsteuer gebucht werden.

Beim ersten Beleg handelt es sich um den Zielkauf von Büromaterial, er wurde von einem Unternehmen ausgestellt und enthält Umsatzsteuer, die vom Reisebüro als Vorsteuer geltend gemacht werden kann. Beim zweiten handelt es sich um den Beitrag zur Kfz-Versicherung, der vom Konto des Reisebüros abgebucht wird. Der Gesamtbetrag von 642,50 EUR enthält keine Umsatzsteuer, folglich darf auch keine Vorsteuer abgezogen werden.

1. Buchungssätze:

Text	Soll/EUR	Haben/EUR
Bürosachkosten	200,00	
Vorsteuer	38,00	
an Verbindlichkeiten		238,00
Kfz-Kosten	642,50	
an Bank		642,50

2. Kontenübersicht:

S (430) Bürosachkosten H
Verb. 200,00

S (155) Vorsteuer H
Verb. 38,00

S (120) Bank H
      Kfz-Kosten 642,50

S (470) Kfz-Kosten H
Bank 642,50

S (160) Verbindlichkeiten H
      Bsk., VSt 238,00

Allgemeine Fälle zur Umsatzsteuer

DEICHGRAF & CO.
BÜROBEDARFSGROSSHANDLUNG

Deichgraf & Co. · Schulstraße 55 · 26506 Norden

Reisebüro
Albert Globus
Neuer Weg 134
26506 Norden

☎ 04931 5819

Bankverbindungen:
Kreis- und Stadtsparkasse Norden
BLZ 283 500 00 Kto.-Nr. 1586 327

Oldenburgische Landesbank AG, Norden
BLZ 283 320 00 Kto.-Nr. 420 635

Postbankkonto Nannover
BLZ 250 100 30
Kto.-Nr. 153 24-601

Ust-IdNr. DE 234567891
St.-Nr. 062/111/4444

RECHNUNG

Nr.	48976

Ihr Zeichen/Bestellung Nr./Datum	Unser Zeichen	Unsere Auftrags-Nr.	vom ..-12-12
Versandbedingungen	Versandart	Versanddatum	Lieferschein-Nr. 1354

Menge	Artikelbezeichnung	Einzelpreis EUR	Gesamtpreis EUR
12	Aktenordner Leitz 2323	4,50	45,00
10	Farbbänder für Star-LX 57	11,50	115,00
5000	Kopierpapier	8/1000	40,00

Beleg-Nr. 1

Zahlbar innerhalb 8 Tagen mit 2 % Skonto	Netto-Warenwert 200,00	MWSt. 19 %	MWSt.-Betrag 38,00	Rechnungsbetrag 238,00 EUR
innerhalb 30 Tagen rein netto Kasse				

Eigentumsvorbehalt bis zur restlosen Bezahlung · Erfüllungsort und Gerichtsstand für beide Teile ist Norden.

Die Versicherungs AG
Hauptstraße 85
Generalvertretung Harald Hauptvogel 04931 4986
Ledastr. 2, 26506 Norden

DNV

BEITRAGSRECHNUNG Versicherungszweig KRAFTFAHRT   erweiterte Versicherungsschein-Nr. 30/110/4119990

Vertretung 3/470/1870   Zahlungsweise 1/1 jährl.   001412410   Fälligkeitsdatum 01.01. 8300

Haftpflicht unbegrenzte Summen   Klasse SF 2
Kaskoversicherung besteht nicht durch diesen Vertrag
Unfallversicherung nach Pauschalsystem
Tarifgruppe BL1   38 kW   AUR-AH 959

Beitragssatz 85%   554,30 EUR
88,20 EUR
Pkw ohne Vermietung

Beleg-Nr. 2

Der Beitrag für Ihre Versicherung wird fällig und von Ihrem Bankkonto Nr. 32323232, BLZ 283 600 83, abgebucht.

GESAMTBETRAG   642,50 EUR

Reisebüro A. Globus
Neuer Weg 184
26506 Norden

Im Beitrag sind 19% Versicherungsteuer enthalten.

7.3.3 Vorsteuerguthaben

Situation Im Monat Dezember sind bei dem Reisebüro A. Globus nur die beiden folgenden Geschäftsfälle zu buchen:

1. Kauf eines Personal-Computers gegen Bankscheck   Nettowert   2 500,00 EUR
   + 19 % USt   475,00 EUR
2. Verkauf eines gebrauchten Pkw, bar   Nettowert   1 200,00 EUR
   + 19 % USt   228,00 EUR

In manchen Monaten kann es vorkommen, dass in einem Reisebüro relativ wenig Umsatz erzielt wird und auf der anderen Seite hohe Ausgaben getätigt werden. In diesen Fällen kann die Vorsteuer erheblich höher sein als die Umsatzsteuer.

Ist die Vorsteuer in einem Monat höher als die Umsatzsteuer, spricht man von einem **Vorsteuerguthaben**. Dieses ist dem Unternehmer vom Finanzamt zu erstatten.

In dieser Situation ist die Vorsteuer höher als die Umsatzsteuer. Jetzt wird das Umsatzsteuerkonto über das Vorsteuerkonto abgeschlossen. Die zu viel gezahlte Vorsteuer (Vorsteuerguthaben) stellt eine Forderung gegenüber dem Finanzamt dar und wird auf dem SBK im Soll ausgewiesen.

1. Buchungssätze:

Text	Soll/EUR	Haben/EUR
a) **Kauf und Verkauf der Anlagegüter**		
BGA	2 500,00	
VSt	475,00	
an Bank		2 975,00
Kasse	1 428,00	
an Fuhrpark		1 200,00
an USt		228,00
b) **Abschluss der Konten**		
USt	228,00	
an VSt		228,00
SBK	247,00	
an VSt		247,00

2. Kontenübersicht:

```
S           (025) BGA           H       S          (023) Fuhrpark        H
AB      20 000,00                       AB      40 000,00  | Kasse   1 200,00
Bank     2 500,00

S           (120) Bank          H       S           (100) Kasse          H
AB      10 000,00 | BGA, VSt  2 975,00  AB       5 000,00
                                        FP, USt  1 428,00

S         (155) Vorsteuer       H       S        (172) Umsatzsteuer      H
Bank       475,00 | USt         228,00  VSt       228,00 | Kasse    228,00
                   SBK          247,00
           475,00               475,00

                         S          (930) SBK            H
                         VSt       247,00
```

Allgemeine Fälle zur Umsatzsteuer 61

Übungsaufgaben

1 Erläutern Sie die Begriffe:
- Mehrwert,
- Vorsteuer,
- Zahllast!

2 a) Untersuchen Sie, in welchen der folgenden Geschäftsfälle Umsatzsteuer bzw. Vorsteuer enthalten ist!
b) Stellen Sie, wenn möglich, die Umsatzsteuersätze fest!
c) Bilden Sie die Buchungssätze (ohne EUR-Beträge)!

1. Barverkauf eines gebrauchten Pkw
2. Zielkauf eines Papierkorbs
3. Barkauf von Briefmarken
4. Banklastschrift der Gebühren für Abonnement der Tageszeitung
5. Banklastschrift der Zinsen
6. Barzahlung der Garagenmiete an eine Privatperson

3 Am Monatsende sind auf dem Konto Vorsteuer insgesamt 1 350,00 EUR und auf dem Konto Umsatzsteuer insgesamt 2 140,00 EUR gebucht worden. Bilden Sie die Buchungssätze für:

1. Ermittlung der Zahllast,
2. Passivierung der Zahllast,
3. Banküberweisung der Zahllast!

4 Bilden Sie für die folgenden Geschäftsfälle die Buchungssätze, buchen Sie auf Konten und passivieren Sie die Zahllast! (Bei den Beträgen handelt es sich um Bruttobeträge.)

1. Eingangsrechnung für Briefpapier über 83,30 EUR
2. Zinsgutschrift der Bank 140,00 EUR
3. Barkauf von Briefmarken 30,00 EUR
4. Verkauf eines gebrauchten Pkw für 3 570,00 EUR gegen Bankscheck
5. Rechnung für Fachzeitschriften über 37,00 EUR (USt-Satz 7 %) wird sofort überwiesen
6. Die Rechnung für Briefpapier (Fall 1) wird durch Banküberweisung beglichen

5 Bilden Sie für die folgenden Geschäftsfälle die Buchungssätze, buchen Sie auf Konten und passivieren Sie die Zahllast! (Bei den Beträgen handelt es sich um Bruttobeträge.)

1. Banküberweisung der Telefonrechnung 476,00 EUR
2. Eingangsrechnung für einen Büroschreibtisch 714,00 EUR
3. Barkauf von Kaffee für die Mitarbeiter (USt-Satz 7 %) 10,70 EUR
4. Zahlung der Ausbildungsvergütung an Auszubildenden, bar 350,00 EUR
5. Barverkauf einer gebrauchten Schreibmaschine 23,80 EUR
6. Geschäftsessen mit Kunden wird bar bezahlt 59,50 EUR
7. Eingangsrechnung für Zeitungsanzeige über 178,50 EUR

6 Exclusiv-Reisen, Hamburg, hat am Jahresanfang die folgenden Bilanzwerte:

	EUR		EUR
Forderungen	12 000,00	Verbindlichkeiten	11 500,00
Fuhrpark	34 000,00	Umsatzsteuer	950,00
Bank	12 400,00	Kasse	3 200,00
BGA	20 000,00	Postbank	2 800,00

Geschäftsfälle:

1. Barkauf eines Standardtextverarbeitungsprogramms für 476,00 EUR (400,00 EUR + 76,00 EUR USt)
2. Zielkauf eines Druckers für 309,40 EUR (260,00 EUR + 49,40 EUR USt)
3. Die Umsatzsteuervorauszahlung (Zahllast des vergangenen Monats) in Höhe von 950,00 EUR wird durch Banküberweisung beglichen
4. Barzahlung für Garagenmiete 80,00 EUR
5. Barkauf von Schreibmaschinenpapier 12,00 EUR (einschl. 19 % USt)
6. Verkauf eines gebrauchten Pkw gegen Bankscheck 5 950,00 EUR (5 000,00 EUR + 950,00 EUR USt)
7. Postbanküberweisung des IHK-Beitrages 120,00 EUR
8. Die Rechnung für den Drucker (Fall 2) wird durch Banküberweisung bezahlt
9. Zinsgutschrift der Bank 75,00 EUR
10. Die monatliche Rechnung des Fensterreinigungsunternehmens über 95,20 EUR (inkl. 19 % USt) wird bar bezahlt
11. Postbanklastschrift für die Telefonrechnung 452,20 EUR (380,00 EUR + 72,20 EUR USt)
12. Tanken wird bar bezahlt 71,40 EUR (einschl. 19 % USt)
13. Eingangsrechnung der Druckerei Meier für ein Werbeflugblatt über 404,60 EUR (340,00 EUR + 64,60 EUR USt)

Bilden Sie die Buchungssätze, buchen Sie im Hauptbuch und schließen Sie die Konten ab!

7 Das Reisebüro Karl Eberle, Stuttgart, hat folgende Eröffnungsbilanzwerte:

	EUR		EUR
Forderungen	10 000,00	BGA	20 000,00
Fuhrpark	50 000,00	Verbindlichkeiten	15 000,00
Bank	9 500,00	Kasse	4 000,00
Umsatzsteuer	700,00		

Geschäftsfälle:

1. Die monatliche Tankrechnung wird mit einem Bankscheck über 666,40 EUR (560,00 EUR + 106,40 EUR USt) beglichen
2. Verkauf eines gebrauchten Busses für 8 000,00 EUR zzgl. 1 520,00 EUR USt. Der Käufer bezahlt mit einem Bankscheck über 9 520,00 EUR
3. Die Telefonrechnung über 280,00 EUR wird bar bezahlt (enthaltene USt 44,70 EUR)
4. Überweisung der Zahllast des vergangenen Monats (700,00 EUR) an das Finanzamt
5. Zinsgutschrift der Bank über 150,00 EUR
6. Der Beitrag für den DRV (120,00 EUR) wird überwiesen
7. Büromaterial wird bar bezahlt 71,40 EUR (einschl. 19 % USt)
8. Autohaus Schulze schickt eine Rechnung für einen neuen Pkw. Der Bruttobetrag beträgt 29 750,00 EUR (25 000,00 EUR + 4 750,00 EUR USt)
9. Die Gewerbesteuer wird vom Bankkonto überwiesen 500,00 EUR
10. Die Ausbildungsvergütung für den Auszubildenden von 400,00 EUR wird bar ausgezahlt
11. Banküberweisung an Autohaus Schulze (Fall 8)
12. Die Rechnung für Heizöl über 2 499,00 EUR trifft ein (2 100,00 EUR + 399,00 EUR USt)
13. Die Reparatur eines Schreibtischstuhls wird bar bezahlt. Die Rechnung beläuft sich auf 73,78 EUR (einschl. 19 % USt)
14. Druckerei Meyer schickt eine Rechnung für Briefpapier und Briefumschläge über 190,40 EUR (einschl. 19 % USt)

Bilden Sie die Buchungssätze, buchen Sie im Hauptbuch und schließen Sie die Konten ab!

Allgemeine Fälle zur Umsatzsteuer

8 Welche Geschäftsfälle treffen für die folgenden Buchungssätze zu?
 1. BGA
    VSt
       an Verbindlichkeiten
 2. Bewirtungskosten
    VSt
       an Bank
 3. Kfz-Kosten
    VSt
       an Bank
 4. Kfz-Kosten
       an Kasse
 5. Verbindlichkeiten
       an Bank
 6. Haus- und Grundstücksaufwendungen
       an Bank
 7. Personalkosten
       an Bank
 8. Bank
       an Zinserträge
 9. Kasse
       an Fuhrpark
       an USt
 10. USt
       an Postbank
 11. Werbekosten
    Vorsteuer
       an Verbindlichkeiten
 12. Bank
       an Haus- und Grundstückserträge
 13. Bank
       an Hypothekenschulden
 14. Zinsaufwendungen
    Darlehnsschulden
       an Bank
 15. Postbank
       an Forderungen

8 Umsatzsteuer bei Leistungen von Reiseverkehrsunternehmen

8.1 Grundlagen der Besteuerung

Wie für alle anderen Unternehmen gilt auch für Reisebüros das Umsatzsteuergesetz (UStG).

Nach dem **UStG** unterliegen der Umsatzsteuer u.a. die folgenden Umsätze:

1. die **Lieferungen** und **sonstigen Leistungen**, die ein Unternehmen **im Inland gegen Entgelt** im Rahmen seines Unternehmens ausführt,
2. die **unentgeltliche Wertabgabe,** d.h. die Lieferung von Gegenständen und Nutzung des Betriebsvermögens für Zwecke außerhalb des Unternehmens (private Zwecke).

Bei Reisebüros versteht man unter

- **Lieferungen** u.a. den Verkauf von Reiseführern, Kursbüchern und Prospekten;
- **sonstigen Leistungen** z.B. Veranstaltung und Vermittlung von Reisen, Beschaffung von Visa, verauslagte Telefongebühren.

Das Umsatzsteuergesetz unterscheidet drei Gebietsbegriffe:

- **Inland,** d.h. das Gebiet der Bundesrepublik Deutschland mit Ausnahme von z.B. Zollfreigebieten
- **Gemeinschaftsgebiet,** d.h. die Länder der Europäischen Union
- **Drittlandsgebiet,** d.h. alle übrigen Gebiete

Steuerbar sind nur solche Leistungen, die im Inland erbracht werden. Leistungen, die ausschließlich im Ausland erbracht werden, unterliegen damit nicht der Umsatzsteuer.

Nach § 4 UStG gibt es darüber hinaus bestimmte Umsätze, die **nicht umsatzsteuerpflichtig** sind, z.B. die Vermittlung von Versicherungsleistungen.

Grundsätzlich sind bei Reiseleistungen zwei Besteuerungsarten zu unterscheiden:

- die so genannte **Regelbesteuerung** nach den allgemeinen Vorschriften des UStG (insbes. § 1) und
- die so genannte **Margenbesteuerung** nach § 25 UStG.

Alle Vermittlungsleistungen und alle Veranstaltungen – mit oder ohne fremde Leistungsträger –, die an Unternehmen verkauft werden, z.B. zum Weiterverkauf oder als Betriebsausflug, unterliegen wie die Veranstaltungen ohne fremde Leistungsträger, die direkt an Privatpersonen (Endverbraucher) verkauft werden, der **Regelbesteuerung**.

Der **Margenbesteuerung** unterliegen dagegen die Veranstaltungen mit fremden Leistungsträgern, die direkt an Privatpersonen verkauft werden.

Dieser Sachverhalt ist im folgenden Schaubild dargestellt:

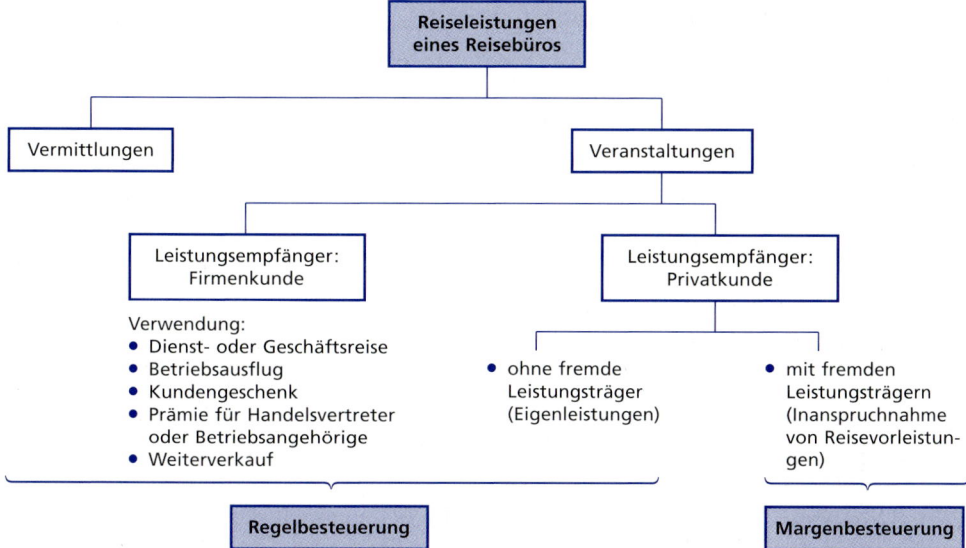

8.2 Umsatzsteuer bei Vermittlungsleistungen

Vermittlungsleistungen, die ein Reisebüro im Inland gegen Entgelt im Rahmen seines Unternehmens ausführt, unterliegen der Umsatzsteuer.

Entfällt eine dieser Voraussetzungen, ist die Vermittlung nicht steuerbar. Gerade für Reiseleistungen ist es wichtig zu wissen, an welchem Ort die Leistung erbracht wird. Bei der Vermittlung von **Pauschalreisen** ist der Ort der sonstigen Leistung der Ort, an dem der Veranstalter dieser Reise seinen Sitz hat.

Es kommt nicht darauf an, wo der Leistungsempfänger (der Reisende) die Leistung entgegennimmt, wichtig ist nur, ob der Veranstalter seinen Sitz im Inland oder eine deutsche USt-Identifikationsnummer hat[1]. So unterliegt die Vermittlung einer Pauschalreise in die USA für einen Schweizer Veranstalter mit Sitz in Basel nicht der Umsatzsteuer. Die Vermittlung einer ähnlichen Pauschalreise für einen Veranstalter mit Sitz in Hannover ist dagegen steuerbar.

> **Merke**
>
> Folgende Leistungen sind **steuerfrei**:
> - die Vermittlung der **grenzüberschreitenden** Beförderung mit **Luftfahrzeugen** oder **Seeschiffen** (§ 4 Nr. 5b UStG),[2]
> - die Vermittlung der Umsätze, die **ausschließlich im Drittlandsgebiet** bewirkt werden (§ 4 Nr. 5c UStG).
> - die Vermittlung von **Versicherungen** (§ 4 Nr. 11 UStG).

[1] Veranstalter mit Hauptsitz in einem Land der EU und Betriebsstätte in Deutschland oder ein deutscher Veranstalter mit einer ausländischen Tochter.
[2] Das gilt nur für die Fälle, in denen z.B. die Fluggesellschaft noch eine Provision zahlt, aber nicht dann, wenn der Kunde eine Servicegebühr bezahlt.

8.2.1 Vermittlung einer Pauschalreise

Situation Das Reisebüro A. Globus verkauft an die Familie König eine 14-tägige Schwarzwald-Pauschalreise, die vom Veranstalter „ABC-Reisen" in Freiburg angeboten wird. Der Reisepreis beträgt insgesamt 2 200,00 EUR (einschl. USt).

Dabei kommt es zu folgenden Transaktionen:
1. Der Kunde leistet eine Anzahlung in Höhe von 200,00 EUR, bar.
2. Das Reisebüro Globus erhält die Abrechnung des Reiseveranstalters, der 10 % Provision gewährt.
3. Die Reiseunterlagen werden dem Kunden gegen einen Bankscheck über die Restsumme ausgehändigt.
4. Das Reisebüro begleicht seine Verbindlichkeiten gegenüber „ABC-Reisen" durch Banküberweisung.

Die Preise einer Reise müssen vom Reisebüro und in Katalogen mit ihrem Bruttopreis, d.h. einschließlich der Umsatzsteuer, angegeben werden. Auf der Rechnung ist jedoch die enthaltene Umsatzsteuer gesondert auszuweisen, damit Firmenkunden diese ggf. als Vorsteuer absetzen können. Diese ausgewiesene USt ist für das Reisebüro uninteressant, weil es sich um die bereits vom Veranstalter bezahlte Umsatzsteuer handelt.

Für das Reisebüro ist dagegen die Nettoprovision Bemessungsgrundlage für die Berechnung der Umsatzsteuer.

Zu beachten ist hierbei die Berechnung der Provision. Das Reisebüro hat in jedem Fall einen Anspruch auf 10 % des Katalogpreises. Die Provision darf nicht dadurch gemindert werden, dass von diesem Betrag Umsatzsteuer abgezogen wird. So würde die USt nicht vom Letztverbraucher gezahlt, sondern vom Reisebüro. Daher lässt man sich die auf die Provision fällige Umsatzsteuer vom Reiseveranstalter ersetzen, indem man die Verbindlichkeiten, die das Reisebüro beim Veranstalter hat, mindert. Von dem vom Kunden erhaltenen Reisepreis wird also nur der um die Provision und die auf diese entfallende Umsatzsteuer geminderte Betrag an den Reiseveranstalter überwiesen.

1. Buchungssätze (Nettomethode):

Text	Soll/EUR	Haben/EUR
a) **Kundenanzahlung** Kasse an Kundenanzahlung	200,00	200,00

b) **Eingangsrechnung des Veranstalters**
Verrech. Touristik Reiseverm. (VVM)
    an Verbindlichkeiten
    an Erlöse Touristik Reiseverm. (EVM)
    an USt
	2 200,00	1 938,20
		220,00
		41,80

c) **Aushändigung der Unterlagen** Bank Kundenanzahlung an Umsätze Touristik Reiseverm. (UVM)	2 000,00 200,00	2 200,00
d) **Bezahlung der Eingangsrechnung** Verbindlichkeiten an Bank	1 938,20	1 938,20

2. Kontenübersicht:

S	(100) Kasse		H
Kundenanz.	200,00	SBK	200,00

S	(167) Kundenanzahlungen		H
UVM	200,00	Kasse	200,00

S	(310) Verr. Touristik Reiseverm.		H
V., EVM, U.	2 200,00	UVM	2 200,00

S	(710) Umsätze Touristik Reiseverm.		H
VVM	2 200,00	B., Kd.anz.	2 200,00

S	(172) Umsatzsteuer		H
SBK	41,80	UVM	41,80

S	(810) Erlöse Touristik Reiseverm.		H
GuV	220,00	VVM	220,00

S	(120) Bank		H
UVM	2 000,00	Verb.	1 938,20
		SBK	61,80
	2 000,00		2 000,00

S	(160) Verbindlichkeiten		H
Bank	1 938,20	VVM	1 938,20

S	(920) GuV		H
		EVM	220,00

S	(930) SBK		H
Kasse	200,00	USt	41,80
Bank	61,80		

Das obige Verfahren bezeichnet man als **Nettomethode**, weil hier die USt getrennt von der Nettoprovision gebucht wird. Dieses Verfahren ist vor allem dann üblich, wenn die Buchführung mithilfe von EDV-Anlagen erstellt wird.

Zulässig ist auch die **Bruttomethode**. Sie erfordert etwas weniger Rechenaufwand und wird daher oft bei manueller Buchführung angewandt. Hier werden erst alle Bruttoprovisionen (also inkl. der USt) eines Abrechnungszeitraumes auf dem Erlöskonto gebucht. Die enthaltene USt wird dann am Monatsende in einer Buchung auf das Konto Umsatzsteuer übertragen.

Für das Beispiel würde sich dann Folgendes ändern:

1. Buchungssätze (Bruttomethode):

Text	Soll/EUR	Haben/EUR
a) **Eingangsrechnung des Veranstalters**		
Verrech. Touristik Reiseverm. (VVM)	2 200,00	
an Verbindlichkeiten		1 938,20
an Erlöse Touristik Reiseverm. (EVM)		261,80
b) **Korrekturbuchung am Monatsende**		
Erlöse Touristik Reiseverm. (EVM)	41,80	
an USt		41,80

Die anderen Buchungssätze bleiben unverändert erhalten.

8.2.2 Verkauf von Flugreisen

Situation Das Reisebüro A. Globus verkauft einen Flug von Hamburg nach Madrid für 400,00 EUR mit der „Ikarus-Air". Außerdem wird dem Kunden eine Service-Pauschale von 40,00 EUR in Rechnung gestellt. Der Kunde zahlt mit einem Bankscheck.

Seit Einführung der Nettopreise durch die Lufthansa geht die Zahl der Airlines, die weiterhin Provisionen[1] zahlen, immer mehr zurück. Da die Kunden die Zahlung einer Service-Pauschale relativ problemlos akzeptiert haben, wird es in absehbarer Zeit ausschließlich Nettopreise bei den Flugtickets geben.

Die Serviceentgelte, die von den Reisebüros verlangt werden, unterliegen der Umsatzsteuer. Dabei gelten lt. dem Bundesfinanzministerium (Stand 01.07.2006) folgende Regelungen (Pauschalen):
– Bei Flügen innerhalb Deutschlands ist das gesamte Serviceentgelt zu versteuern.
– Bei grenzüberschreitenden Flügen innerhalb der EU müssen 25% des Serviceentgelts versteuert werden.
– Bei Flügen in Länder außerhalb der EU sind 5% des Serviceentgelts zu versteuern.

Berechnung des Erlöses:

Serviceentgelt	40,00 EUR
davon 25%	10,00 EUR (= 119% = brutto)
enthaltene USt	1,60 EUR (= 19%)
Berechnungsgrundlage für USt	8,40 EUR (= 100% = netto)
nicht steuerbarer	30,00 EUR
Erlös des Reisebüros ohne USt	38,40 EUR

1. Buchungssätze:

Text	Soll/EUR	Haben/EUR
a) **Aushändigung des Tickets** Bank an Umsätze Flugverkehr (UFV) an Erlöse Flugverkehr (EFV) an USt	440,00	400,00 38,40 1,60
b) **Eingangsrechnung der Fluggesellschaft** Verrechnung Flugverkehr an Verbindlichkeiten	400,00	400,00
c) **Bezahlung der Eingangsrechnung** Verbindlichkeiten an Bank	400,00	400,00

2. Kontenübersicht:

```
S        (120) Bank           H      S     (160) Verbindlichkeiten   H
UFV, EFV, USt 440,00 | Verb.   400,00     Bank   400,00 | VFV   400,00
                       40,00
              440,00 | 440,00

S    (340) Verrechnung Flugverkehr    H   S    (740) Umsätze Flugverkehr   H
Verb.   400,00 | UFV   400,00             VFV   400,00 | Bank   400,00
```

[1] In den Fällen, in denen eine Fluggesellschaft Provision zahlt, wird gebucht wie bei der Vermittlung von Pauschalreisen (vgl. Abschn. 8.2.1). Es wird lediglich auf besonderen Konten gebucht.

Umsatzsteuer bei Vermittlungsleistungen **69**

S	(841) Erlöse Flugverkehr		H
GuV	38,40	Bank	38,40

S	(172) Umsatzsteuer		H
SBK	1,60	Bank	1,60

S	(920) GuV		H
		EFV	38,40

S	(930) SBK		H
Bank	40,00	USt	1,60

8.2.3 Vermittlung von Versicherungen

Situation Das Reisebüro A. Globus verkauft der Familie König eine „Rundum-Reiseversicherung" der XY-Versicherung für 45,00 EUR, bar. Die Versicherung gewährt eine Provision von 33⅓ %.

Die Vermittlung von Versicherungen ist in der Regel die häufigste Nebenleistung eines Reisebüros. Auch diese Leistung ist nicht steuerpflichtig.

1. Buchungssätze:

Text	Soll/EUR	Haben/EUR
a) **Abschluss der Versicherung**		
Kasse	45,00	
an Umsätze sonstiger Reisebürogeschäfte		45,00
b) **Abrechnung der Versicherung**		
Verrechnung sonstiger Reisebürogeschäfte	45,00	
an Verbindlichkeiten		30,00
an Erlöse sonstiger Reisebürogeschäfte		15,00

2. Kontenübersicht:

S	(100) Kasse		H
UsRBG	45,00		

S	(160) Verbindlichkeiten		H
		VsRBG	30,00

S	(370) Verrech. sonst. RB-G.		H
Verb., EsRBG	45,00		

S	(770) Umsätze sonst. RB-G.		H
		Kasse	45,00

S	(870) Erlöse sonst. RB-G.		H
		VsRBG	15,00

Merke

- Grundsätzlich unterliegen die Vermittlungsleistungen eines Reisebüros der Umsatzsteuer.
- Vermittlungen von Pauschalreisen für Reiseveranstalter mit Sitz im Drittlandsgebiet sind nicht steuerbar. Vermittlungen für inländische Reiseveranstalter oder Veranstalter mit deutscher USt-ID-Nummer sind steuerpflichtig.
- Bestimmte Vermittlungsleistungen, z. B. die Vermittlung von Versicherungen, die Vermittlung von Beförderungen mit Flugzeugen oder Schiffen im grenzüberschreitenden Verkehr oder die Vermittlung von Leistungen im Drittlandsgebiet, sind steuerfrei.
- Grundlage für die Berechnung der Umsatzsteuer ist immer die Provision.
- Bei steuerpflichtigen Umsätzen wird die Provision vom Katalogpreis (Bruttobetrag) berechnet und vom Veranstalter an den Reisevermittler erstattet.

8.2.4 Vermittlung sonstiger Beförderungs- und Beherbergungsleistungen

■ sonstige Beförderungsleistungen

Nach § 3b Abs. 1 UStG sind Beförderungsleistungen, und damit auch deren Vermittlung, nur dann steuerpflichtig, wenn sie im Inland ausgeführt werden. Beförderungsleistungen, die ausschließlich im Ausland durchgeführt werden, sind nicht steuerbar. Bei grenzüberschreitenden Beförderungsleistungen unterliegt nur der inländische Streckenanteil der Umsatzsteuer. Ausgenommen hiervon sind die grenzüberschreitenden Beförderungen von Personen mit Luftfahrzeugen oder Seeschiffen, bei denen die Vermittlungsprovision steuerfrei ist.

> **Beispiele**
> 1. Die Vermittlung einer ICE-Fahrkarte von Hamburg nach München. Die Vermittlungsprovision ist voll steuerpflichtig.
> 2. Die Vermittlung einer Fahrkarte der AMTRAK. Die Vermittlungsprovision ist nicht steuerbar.
> 3. Die Vermittlung einer Bahnfahrkarte Frankfurt–Paris. Die Vermittlungsprovision ist nur für den deutschen Streckenanteil steuerpflichtig.

■ Sonstige Beherbergungsleistungen

Nach § 3a Abs. 2 UStG werden sonstige Leistungen, die im Zusammenhang mit einem Grundstück erbracht werden, dort ausgeführt, wo das Grundstück liegt. Zu diesen sonstigen Leistungen gehört u.a. die Vermietung von Wohn- und Schlafräumen, die ein Unternehmer zur kurzfristigen Beherbergung von Fremden bereithält, z.B. Hotels, Pensionen, Ferienhäuser.

Nur die Beherbergungsleistungen in Deutschland, und damit auch deren Vermittlung, ist umsatzsteuerpflichtig. Von dieser Regel ausgenommen sind ausländische Beherbergungsunternehmen (z.B. ein Hotel in Mallorca), die eine deutsche USt-Identifikationsnummer haben. Deren Leistungen gelten als im Inland erbracht. Ausnahmen können auch die Vermietung von Ferienhäusern oder von einzelnen Hotelübernachtungen sein, wenn diese dem Reisenden aus einem Reiseveranstalterkatalog verkauft werden. Diese Fälle können u.U. als Pauschalreisen angesehen werden, deren Vermittlung umsatzsteuerpflichtig sind.

> **Beispiele**
> 1. Vermittlung einer Hotelübernachtung im Hotel „Vier Jahreszeiten" in Berlin. Die Vermittlungsprovision ist steuerpflichtig.
> 2. Vermittlung einer Hotelübernachtung im Hotel „Sacher" in Wien. Die Vermittlungsprovision ist nicht steuerbar.

Übungsaufgaben

1 Prüfen Sie, ob die folgenden **Vermittlungsleistungen** des Reisebüros Fritz Krause in Bremen steuerpflichtig oder steuerfrei sind.

1. Flug München–Hamburg, Kunde zahlt ein Serviceentgelt
2. Flug Frankfurt–Kairo, Kunde zahlt ein Serviceentgelt
3. Bahnfahrt Hannover–Hamburg
4. Busfahrt Bremen–Amsterdam
5. Überfahrt Dover–Calais

6. Überfahrt Friedrichshafen–Romanshorn
7. Bahnfahrt Oslo–Bergen
8. Eintrittskarte zum Wiener Opernball
9. Mietwagen einer lokalen Autovermietung in Los Angeles
10. Übernachtung im „Caesars Palace" in Las Vegas
11. Übernachtung im „Atlantik" in Hamburg
12. Ferienwohnung in der Schweiz
13. Ferien auf einem Bauernhof in der Lüneburger Heide

2 Berechnen Sie für die nachfolgenden Vermittlungsleistungen die Höhe der Provision (Nettoerlös) und ggf. die darauf entfallende USt.

1. Vermittlung eines Flugscheines Bremen–München für 299,00 EUR. Der Kunde zahlt ein Serviceentgelt von 30,00 EUR.
2. Vermittlung einer Reiserücktrittsversicherung für 28,00 EUR. Provision 25 %.
3. Vermittlung einer Pauschalreise in die Dominikanische Republik der „Happy-Tours" in Frankfurt für 1 299,00 EUR. Provision 10 %.
4. Vermittlung einer Bahnfahrkarte Bremen–Frankfurt für 153,00 EUR. Provision 8 %.
5. Vermittlung einer Ferienwohnung in Binz für 630,00 EUR. Provision 12 %.
6. Vermittlung von zwei Eintrittskarten für ein Musical in Hamburg für 240,00 EUR. Provision 11 %.

8.3 Umsatzsteuer bei Veranstaltungsleistungen

Veranstalter von Reisen müssen jede Leistung dahingehend überprüfen, ob sie der Regel- oder der Margenbesteuerung unterliegt (vgl. Abschn. 8.1).

8.3.1 Veranstaltungen mit Margenbesteuerung

Merke

Nach § 25 UStG müssen für die Anwendung der Margenbesteuerung folgende vier Punkte erfüllt sein:
1. Der Reiseveranstalter tritt in eigenem Namen auf.
2. Das Unternehmen muss eine Reiseleistung erbringen.
3. Die Reiseleistung muss zur privaten Verwendung (d.h. nicht zur Verwendung durch ein Unternehmen) bestimmt sein.
4. Der Reiseveranstalter muss Reisevorleistungen in Anspruch nehmen.

Damit gilt die Margenbesteuerung vor allem für die Veranstalter von Pauschalreisen. Diese Veranstaltung einer Pauschalreise ist als **sonstige Leistung** anzusehen. Nach dem Umsatzsteuergesetz gilt eine sonstige Leistung als am Sitz des Unternehmens erbracht, danach sind grundsätzlich alle Reiseleistungen eines inländischen Veranstalters steuerbar.

Merke

Die sonstige Leistung ist **steuerfrei**, soweit die ihr zuzurechnenden Reisevorleistungen im Drittlandsgebiet erwirkt werden. (§ 25 Abs. 2 UStG)

Nach der Neufassung des § 25 UStG unterliegen damit alle Margen aus Reisen in Zielgebiete der Europäischen Union der Umsatzsteuer. Anders als früher sind damit Margen aus Flugbeförderungsleistungen nur noch dann von der Umsatzsteuer freigestellt, soweit keine EU-Ziele angeflogen werden. Margen aus der grenzüberschreitenden Schiffsbeförderung sind generell steuerbefreit.

Teilweise steuerfrei sind Margen, wenn Reisevorleistungen sowohl in den Ländern der EU als auch im Drittlandsgebiet erbracht werden (vgl. Beispiel auf der nächsten Seite).

Besteuerungsgrundlage ist bei den steuerpflichtigen Leistungen der Unterschied zwischen dem Preis, den der Reisende zahlt, und den Aufwendungen, die der Reiseveranstalter zu zahlen hat. Diese Differenz bezeichnet man als **Marge**.

Anders als bei der Regelbesteuerung darf die in den Reisevorleistungen ausgewiesene Umsatzsteuer **nicht** als Vorsteuer abgezogen werden. Vom Gesamtpreis werden die gesamten Kosten der Reisevorleistungen (einschl. der USt) abgezogen. Diese Differenz stellt die sog. **Bruttomarge** dar, in der die Umsatzsteuer enthalten ist. Wird von dieser Bruttomarge die USt abgezogen, erhält man die **Nettomarge**, die Besteuerungsgrundlage nach § 25 UStG.

■ Beispiele für die Ermittlung der Marge

- **Steuerpflichtige Veranstaltungen**

Beispiel Das Reisebüro A. Globus in Norden veranstaltet eine Pauschalreise in den Harz für den Gesangverein „Harmonia". Der Reisepreis pro Person beträgt 232,00 EUR (einschl. USt). An der Reise nehmen 50 Personen teil. Folgende Reisevorleistungen wurden in Anspruch genommen:
- Miete für Bus der Firma „Auto-Jäger"   2 100,00 EUR (einschl. USt).
- Unterkunft im Hotel „Brockenblick"   7 420,00 EUR (einschl. USt).

Berechnung der Marge:

Reisepreis (50 · 238,00 EUR)		11 900,00 EUR	
– Reisevorleistungen			
Miete Bus	2 100,00 EUR		
Unterkunft	7 420,00 EUR	9 520,00 EUR	
Bruttomarge (einschl. 19% USt)		2 380,00 EUR	(= 119%)
enthaltene USt		380,00 EUR	(= 19%)
Nettomarge (Besteuerungsgrundlage)		2 000,00 EUR	(= 100%)

- **Steuerfreie Veranstaltungen**

Beispiel Das Reisebüro A. Globus, Norden, veranstaltet für einen Kegelverein eine USA-Pauschalreise. 20 Personen zahlen dafür je 2 100 EUR. Das Reisebüro erwirbt folgende Reisevorleistungen:
- 20 Flüge Hamburg–New York für insgesamt 17 500,00 EUR;
- Unterkunft in verschiedenen Hotels in den USA für insgesamt 16 300,00 EUR.

Berechnung der Marge:

Reisepreis (20 · 2 100,00 EUR)		42 000,00 EUR
– Reisevorleistungen		
Flüge HAM–NYC	17 500,00 EUR	
Unterkunft (in USA)	16 300,00 EUR	33 800,00 EUR
Marge (steuerfrei)		8 200,00 EUR

Umsatzsteuer bei Veranstaltungsleistungen

- **Teilweise steuerfreie Veranstaltungen**

Beispiel Das Reisebüro A. Globus, Norden, veranstaltet eine mehrtägige Busreise. Der Reisepreis beträgt 560,00 EUR (einschl. USt). An der Reise nehmen 50 Personen teil. Folgende Vorleistungen werden in Anspruch genommen:
- Miete für den Bus der Firma „Auto-Jäger"   4 600,00 EUR (einschl. USt)
- Hotel in Rom   14 000,00 EUR (ohne USt)
- Hotel in der Schweiz   4 000,00 EUR (ohne USt)

Berechnung der Marge:

Aufteilung der Fahrstrecke: Gemeinschaftsgebiet = 80 %
                             Drittlandsgebiet   = 20 %

Reisevorleistungen	insgesamt	Gemeinschaftsgebiet	Drittlandsgebiet
1. Miete Bus	4 600,00 EUR	3 680,00 EUR (4600·80%)	920,00 EUR (4600·20%)
2. Hotel Rom	14 000,00 EUR	14 000,00 EUR	
3. Hotel Schweiz	4 000,00 EUR		4 000,00 EUR
	22 600,00 EUR	17 680,00 EUR	4 920,00 EUR
	(= 100 %)	(= 78,23 %)	(= 21,77 %)

Reisepreis (50 · 560,00 EUR)   28 000,00 EUR
– Reisevorleistungen   22 600,00 EUR
Marge   5 400,00 EUR
  davon sind • steuerpflichtig   78,23 % =   4 224,42 EUR
        • steuerfrei   21,77 % =   1 175,58 EUR

Bruttomarge   4 224,42 EUR   (= 119 %)
enthaltene USt   674,49 EUR   (= 19 %)
Nettomarge (Besteuerungsgrundlage)   3 549,93 EUR (= 100 %)

- **Buchungen bei steuerpflichtigen Veranstaltungen**

Situation Das Reisebüro A. Globus in Norden veranstaltet eine Pauschalreise in den Harz für den Gesangverein „Harmonia". Der Reisepreis pro Person beträgt 238,00 EUR (einschl. USt). An der Reise nehmen 50 Personen teil. Folgende Reisevorleistungen wurden in Anspruch genommen:
- Miete für Bus der Firma „Auto-Jäger"   2 100,00 EUR (einschl. USt).
- Unterkunft im Hotel „Brockenblick"   7 420,00 EUR (einschl. USt).

In diesem Fall werden folgende Transaktionen buchhalterisch wirksam:
1. Das Reisebüro Globus schickt eine Rechnung über 11 900,00 EUR an den Kunden.
2. Der Kunde überweist diesen Betrag auf das Bankkonto.
3. Das Busunternehmen schickt eine Rechnung über 2 100,00 EUR.
4. Das Hotel schickt eine Rechnung über 7 420,00 EUR.
5. Die Rechnung des Busunternehmens wird durch Banküberweisung beglichen.
6. Die Rechnung des Hotels wird durch Banküberweisung beglichen.

In der Regel legt man für jede Veranstaltung ein Umsatz- und ein Verrechnungskonto an, auf denen die Einnahmen (→ Umsätze Veranstaltungen – UVA) und die Vorleistungen (→ Verrechnung Veranstaltungen – VVA) gebucht werden. Dabei werden auf beiden Konten immer die Bruttobeträge, also einschließlich der Umsatzsteuer, gebucht, falls diese ausgewiesen ist.

Nach Abschluss der jeweiligen Veranstaltung werden auch die entsprechenden Konten abgeschlossen. Dabei wird das Konto VVA über UVA abgeschlossen. Bei steuerpflichtigen Veranstaltungen stellt der so ermittelte Saldo des Kontos UVA die Bruttomarge einschl. der Umsatzsteuer dar. Diese Umsatzsteuer wird beim Abschluss des Kontos UVA auf das Umsatzsteuerkonto übertragen, während die Nettomarge auf dem Konto Erlöse Veranstaltungen (EVA) gebucht wird. Bei steuerfreien Veranstaltungen gibt es nur eine Marge, die auf EVA gebucht wird.

1. Buchungssätze:

Text	Soll/EUR	Haben/EUR
a) **Ausgangsrechnung**		
Forderung	11 900,00	
an Umsätze Veranstaltungen		11 900,00
b) **Bezahlung der Ausgangsrechnung**		
Bank	11 900,00	
an Forderungen		11 900,00
c) **Eingangsrechnungen**		
Verrechnung Veranstaltungen	2 100,00	
an Verbindlichkeiten		2 100,00
Verrechnung Veranstaltungen	7 420,00	
an Verbindlichkeiten		7 420,00
d) **Bezahlung der Eingangsrechnungen**		
Verbindlichkeiten	2 100,00	
an Bank		2 100,00
Verbindlichkeiten	7 420,00	
an Bank		7 420,00
e) **Abschluss der Konten**		
Umsätze Veranstaltungen	9 520,00	
an Verrechnung Veranstaltungen		9 520,00
Umsätze Veranstaltungen	2 380,00	
an Erlöse Veranstaltungen		2 000,00
an Umsatzsteuer		380,00
Erlöse Veranstaltungen	2 000,00	
an GuV		2 000,00

2. Kontenübersicht:

S	(14) Forderungen		H		S	(16) Verbindlichkeiten		H
UVA	11 900,00	Bank	11 900,00		Bank	2 100,00	VVA	2 100,00
					Bank	7 420,00	VVA	7 420,00

S	(301) VVA (Marge)		H		S	(701) UVA (Marge)		H
Verb.	2 100,00	UVA	9 520,00		VVA	9 520,00	Ford.	11 900,00
Verb.	7 420,00				EVA, USt	2 380,00		
	9 520,00		9 520,00			11 900,00		11 900,00

S	(12) Bank		H		S	(801) EVA (Marge)		H
Ford.	11 900,00	Verb.	2 100,00		GuV	2 000,00	UVA	2 000,00
		Verb.	7 420,00					

S	(92) GuV		H		S	(172) Umsatzsteuer		H
	EVA	2 000,00					UVA	380,00

> **Merke**
> - Reiseleistungen mit Vorleistungen, die ein Veranstalter im eigenen Namen an Privatkunden verkauft, unterliegen der Margenbesteuerung.
> - Bei Reiseleistungen, die der Margenbesteuerung unterliegen, und den dazugehörenden Vorleistungen dürfen weder Vorsteuer noch Umsatzsteuer gebucht werden.
> - Nach dem Abschluss des Kontos VVA über das Konto UVA ergibt sich die Marge als Saldo des Kontos UVA. In diesem Betrag ist die Umsatzsteuer enthalten.
> - Unter gewissen Voraussetzungen sind diese Reiseleistungen umsatzsteuerfrei.

8.3.2 Veranstaltungen mit Regelbesteuerung

> **Merke**
> Alle Veranstaltungsleistungen, die nicht der Margenbesteuerung unterliegen, sind nach der Regelbesteuerung zu behandeln. Das sind nach § 3a UStG:
> - Reiseleistungen, die nur durch den Einsatz eigener Mittel erbracht werden (Eigenleistung) und
> - Reiseleistungen, die für Unternehmen (Firmenkunden) erbracht werden.

Wie bei der Margenbesteuerung sind grundsätzlich nur die Leistungen zu versteuern, die das Inland betreffen. Alle Leistungen im Ausland unterliegen nicht der Umsatzsteuer, sofern für ausländische Betriebsstätten keine deutsche USt-Identifikationsnummer vorliegt. Beförderungsleistungen im grenzüberschreitenden Verkehr sind mit dem inländischen Streckenanteil steuerpflichtig.

■ **Eigenleistung im Inland**

Situation Das Reisebüro A. Globus, Norden, veranstaltet eine Tagesfahrt in die Lüneburger Heide. 40 Fahrgäste zahlen jeweils 23,80 EUR (einschl. USt).

Reisepreis (40 · 23,80 EUR)	952,00 EUR	(= 119 %)
enthaltene Umsatzsteuer	152,00 EUR	(= 19 %)
Besteuerungsgrundlage	800,00 EUR	(= 100 %)

1. Buchungssatz:

Text	Soll/EUR	Haben/EUR
Kasse	952,00	
an Erlöse Veranstaltungen (Regelbesteuerung)		800,00
an Umsatzsteuer		152,00

2. Kontenübersicht:

S	(10) Kasse	H		S	(802) EVA (Regelbesteuerung)	H
EVA, USt	952,00				Kasse	800,00

S	(172) Umsatzsteuer	H
	Kasse	152,00

■ Veranstaltungen im Inland mit fremden Leistungsträgern für ein Unternehmen (Firmenkunden)

Situation Die Firma Becker & Sohn, Aurich, bucht beim Reisebüro A. Globus als Betriebsausflug eine Tagesfahrt nach Hamburg. Das Reisebüro mietet dafür einen Bus der Firma „Auto-Buck" an. Die Ausgangsrechnung beträgt 952,00 EUR (800,00 EUR + 152,00 EUR USt). Das Busunternehmen berechnet 737,80 EUR (620,00 EUR + 117,80 EUR USt).

Weil es sich hier um einen Firmenkunden handelt, darf die Margenbesteuerung nicht angewandt werden. Man verwendet daher gesonderte Umsatz-, Verrechnungs- und Erlöskonten (vgl. 702, 302 und 802 im Kontenplan), um die Trennung der Regelbesteuerung von der Margenbesteuerung deutlich zu machen. In diesem Fall ist die in Rechnung gestellte Umsatzsteuer als Vorsteuer abzugsfähig.

Ermittlung der Zahllast für diese Leistung:

Umsatzsteuer (19 % aus 952,00 EUR)	152,00 EUR
– Vorsteuer (19 % aus 737,80 EUR)	117,80 EUR
fällige Zahllast	34,20 EUR

1. Buchungssätze:

Text	Soll/EUR	Haben/EUR
a) **Ausgangsrechnung**		
Forderungen	952,00	
an Umsätze Veranstaltungen (Regelbesteuerung)		800,00
an Umsatzsteuer		152,00
b) **Eingangsrechnung**		
Verrechnung Veranstaltungen (Regelbesteuerung)	620,00	
Vorsteuer	117,80	
an Verbindlichkeiten		737,80
c) **Abschluss der Konten**		
Umsatzsteuer	117,80	
an Vorsteuer		117,80
Umsätze Veranstaltungen (Regelbesteuerung)	620,00	
an Verr. Veranstaltungen (Regelbesteuerung)		620,00
Umsätze Veranstaltungen (Regelbesteuerung)	180,00	
an Erlöse Veranstaltungen (Regelbesteuerung)		180,00
Erlöse Veranstaltungen (Regelbesteuerung)	180,00	
an GuV		180,00

2. Kontenübersicht:

S	(14) Forderungen	H		S	(170) Verbindlichkeiten	H
UVA, USt	952,00				VVA, VSt	737,80

S	(155) Vorsteuer	H		S	(172) Umsatzsteuer	H
Verb.	117,80	USt 117,80 →		VSt 117,80	Ford.	152,00

Umsatzsteuer bei Veranstaltungsleistungen

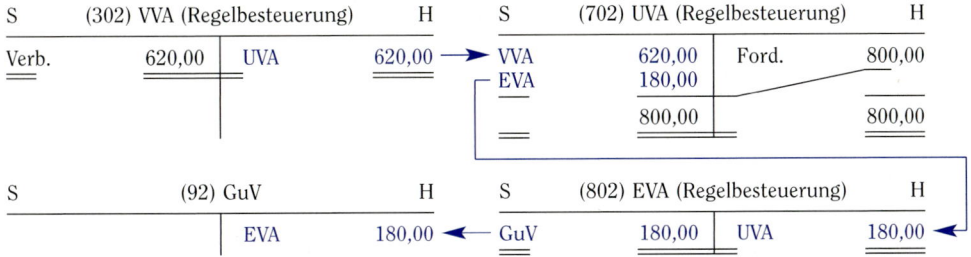

> **Merke**
> - Reiseleistungen, die vollständig aus Eigenleistungen bestehen, unterliegen der Regelbesteuerung.
> - Reiseleistungen mit fremden Leistungsträgern, die an Firmenkunden verkauft werden, unterliegen ebenfalls der Regelbesteuerung.
> - Bei der Regelbesteuerung wird die enthaltene Umsatzsteuer direkt auf den Konten Vorsteuer bzw. Umsatzsteuer gebucht.
> - Unter gewissen Voraussetzungen sind diese Reiseleistungen umsatzsteuerfrei.

Übungsaufgaben

1 Entscheiden Sie, ob die folgenden Reiseleistungen der **Regelbesteuerung** oder der **Margenbesteuerung** unterliegen!

1. Neumann-Reisen, Göttingen, veranstaltet eine Tagesfahrt mit ihrem eigenen Bus ins Sauerland.
2. Reiseveranstalter „ABC-Reisen" in Regensburg bietet der Familie Berger eine Bahnpauschalreise in die Sächsische Schweiz an. Die Unterbringung erfolgt in einem angemieteten Hotel.
3. Der Reiseveranstalter „ABC-Reisen" in Regensburg bietet der Familie Berger eine Bahnpauschalreise nach Tirol an. Die Unterbringung erfolgt in einem angemieteten Hotel.
4. a) Der Reiseveranstalter „ABC-Reisen" in Regensburg bietet dem Reisebüro „Exclusiv" eine Bahnpauschalreise in die Sächsische Schweiz an. Die Unterbringung erfolgt in einem angemieteten Hotel.
   b) Dieses Reisebüro verkauft die Reise in eigenem Namen an die Familie Berger.
5. Das Reisebüro Hans und Anna Basche in Ulm verkauft dem Kunden Berger eine Pauschalreise des Reiseveranstalters „ABC-Reisen", Regensburg, und erhält dafür eine Vermittlungsprovision.
6. Die „XY-AG" will ihre Mitarbeiter belohnen und bucht für sie beim Busunternehmen „Donnerpfeil", Duisburg, einen Tagesausflug, den dieses mit seinen eigenen Bussen durchführt.
7. Der Sportverein „Dynamo" bucht für die sonntäglichen Auswärtsspiele einen Bus der Firma „Donnerpfeil", Duisburg.

2 Entscheiden Sie, ob die folgenden Reiseleistungen **steuerfrei** oder **steuerpflichtig** sind!

1. Das Reisebüro „Exclusiv", Frankfurt, veranstaltet eine Pauschalreise nach Australien. Es nimmt als Reisevorleistungen in Anspruch:
   – Flug Frankfurt–Melbourne,
   – Unterkunft im Hilton, Melbourne.

2. Das Reisebüro „Exclusiv", Frankfurt, veranstaltet eine Bahn-Pauschalreise nach Norderney. Folgende Reisevorleistungen werden in Anspruch genommen:
   – Bahnfahrt Frankfurt–Norddeich,
   – Fähre Norddeich–Norderney,
   – Unterkunft im Strandhotel, Norderney.
3. „Fern-Reisen", Oldenburg, veranstaltet für den Sportverein „Volle Kraft" einen Tagesausflug in die Lüneburger Heide. Die Fahrt wird mit einem eigenen Bus durchgeführt.

3 Berechnen Sie für die folgenden Fälle die Margen und die USt (falls erforderlich):

1. Reisebüro „Globetrotter" in Frankfurt veranstaltet für eine fünfköpfige Gruppe eine Abenteuertour in die Anden zum Preis von je 5 100,00 EUR.
   Für Reisevorleistungen sind insgesamt aufzuwenden:
   – Flug Frankfurt–Lima 13 350,00 EUR,
   – Unterbringung in verschiedenen Hotels in Peru 4 800,00 EUR,
   – Bergführer und Reiseleiter in Peru 2 670,00 EUR.
2. Das Reisebüro Fritz Krause, Bremen, verkauft als Veranstalter an Herrn und Frau Hansen eine Bahnpauschalreise zum Gesamtpreis von 2 800,00 EUR in den Schwarzwald. Folgende Vorleistungen nimmt das Reisebüro in Anspruch:
   – Bahnfahrt für zwei Personen 210,00 EUR,
   – Unterbringung im Hotel „Glottertal" 1 621,00 EUR.
3. „Jäger-Reisen", Karlsruhe, veranstaltet für einen Kegelverein einen Wochenendausflug nach Berlin. Der Verein erhält eine Rechnung über 3 800,00 EUR. Die Fahrt wird mit einem Bus der Firma „Bequem & Sicher" durchgeführt, der insgesamt 1 700,00 EUR kostet. Die Übernachtung erfolgt im Hotel „Bel-Air" und kostet 1 400,00 EUR.

9 Personalkosten

Situation Die Mitarbeiterin des Reisebüros A. Globus, Susanne Jannsen, erhält im Monat Mai die folgende Gehaltsabrechnung:

Gehaltsabrechnung 05/..

Geburtsdatum	KV	PV	RV	AV	Versicherungs-Nr.
75-11-11	1	1	1	1	11117581234
Eintrittsdatum	Steuerklasse		Kinder	Kirche	Freibetrag monatlich
95-08-01	I		0,0	ja	0,00
Austrittsdatum	Kostenstelle		Abteilung		
	444		Norden		
Gehaltsgruppe					
4					

Susanne Jannsen
Alleestraße 55
26506 Norden

Bank: Sparkasse Norden

Kontonummer	BLZ	Personalnummer
42356800	28390062	0303

Bezeichnung	Abzüge	Beträge in EUR
Bruttogehalt		1 760,00
Gesamtbrutto		1 760,00
Steuerpfl. Brutto		1 760,00
soz.vers.pfl. Brutto		1 760,00
Lohnsteuer	193,58	
Solidaritätszuschlag	10,64	
Kirchensteuer	17,42	
Krankenversicherung	128,48	
Zuschlag zur KV	15,84	
Pflegeversicherung	14,96	
Zuschlag zur PV	4,40	
Rentenversicherung	175,12	
Arbeitslosenversicherung	29,04	
Abzüge insgesamt		589,48
Netto		<u>1 170,52</u>
Auszahlungsbetrag		1 170,52

9.1 Berechnung der Personalkosten

Arbeitnehmer stellen ihre Dienste einem Unternehmen zur Verfügung. Für diese Dienstleistungen haben sie Anspruch auf eine Vergütung.

Gesetzliche Vorschriften verpflichten den Arbeitgeber, vom Bruttoverdienst des Arbeitnehmers Lohnsteuer, Kirchensteuer, Krankenversicherungs-, Rentenversicherungs-, Pflegeversicherungs- und Arbeitslosenversicherungsbeiträge einzubehalten.

Der Nettoverdienst berechnet sich wie folgt:

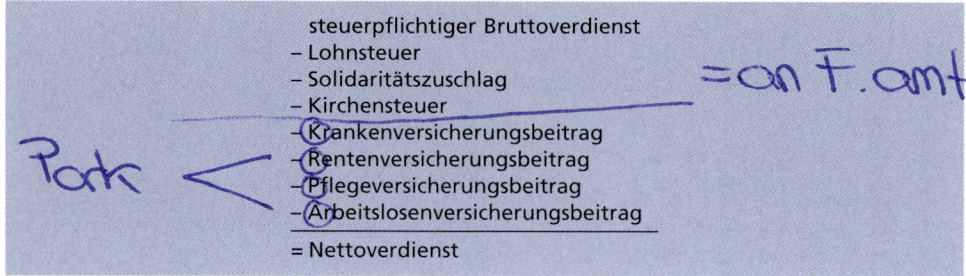

```
        steuerpflichtiger Bruttoverdienst
       – Lohnsteuer
       – Solidaritätszuschlag
       – Kirchensteuer
       – Krankenversicherungsbeitrag
       – Rentenversicherungsbeitrag
       – Pflegeversicherungsbeitrag
       – Arbeitslosenversicherungsbeitrag

       = Nettoverdienst
```

■ Lohnsteuer

Die Lohnsteuer lässt sich über entsprechende Lohnsteuertabellen ermitteln und hängt im Wesentlichen von der Höhe des Bruttoverdienstes, der Steuerklasse und der Kinderzahl ab. Jeder Arbeitnehmer erhält jährlich von seiner Gemeindeverwaltung eine Lohnsteuerkarte, in die alle für die Berechnung der Lohnsteuerabzüge wichtigen Informationen eingetragen werden.

Lohnsteuerklassen

Steuerklasse I	ledige, verwitwete, geschiedene oder dauernd getrennt lebende Arbeitnehmer
Steuerklasse II	Arbeitnehmer der Steuerklasse I, wenn mindestens ein Kind im Haushalt des Steuerpflichtigen lebt, für das er einen Kinderfreibetrag/Kindergeld bekommt
Steuerklasse III	verheiratete Arbeitnehmer, deren Ehepartner kein Einkommen beziehen oder in die Steuerklasse V eingestuft sind
Steuerklasse IV	verheiratete Arbeitnehmer, deren Ehepartner ebenfalls in die Steuerklasse IV eingestuft sind
Steuerklasse V	verheiratete Arbeitnehmer, deren Ehepartner in die Steuerklasse III eingestuft sind
Steuerklasse VI	Arbeitnehmer, die mehr als ein Arbeitsverhältnis haben

■ Solidaritätszuschlag

Seit 1995 ist der Solidaritätszuschlag zu zahlen. Er beträgt seit 1998 5,5% der Lohnsteuer.

■ Kirchensteuer

Kirchensteuerpflichtig sind in der Bundesrepublik nur Angehörige bestimmter Religionsgemeinschaften (z.B. ev.-lutherisch, ev.-reformiert, römisch-kath. oder alt-kath.). Die Kirchensteuer ist von Bundesland zu Bundesland unterschiedlich. Sie beträgt z.B. in Bayern 8 % und in Niedersachsen 9 %.

■ Rentenversicherungsbeitrag

Alle Arbeiter und Angestellten sind Pflichtmitglieder der gesetzlichen Rentenversicherung. Sie haben bis zur **Beitragsbemessungsgrenze** einen entsprechenden Prozentsatz ihres Bruttoverdienstes zu zahlen (2009: 19,9 % von maximal 5 400,00 EUR/Monat für die alten Bundesländer und maximal 4 550,00 EUR/Monat für die neuen Bundesländer).

■ Krankenversicherungsbeitrag

Alle Angestellten und Arbeiter, die weniger als die Krankenversicherungspflichtgrenze (3 675,00 EUR monatlich) verdienen, müssen Mitglied einer gesetzlichen Krankenkasse oder einer Ersatzkasse sein. Ab 2009 beträgt der einheitliche Beitragssatz 14,6 %. Seit 2006 muss jeder Arbeitnehmer einen zusätzlichen KV-Beitragssatz von 0,9 % zahlen.

■ Pflegeversicherungsbeitrag

Seit dem 1. Januar 1995 gibt es die Pflegeversicherung. Der Beitragssatz beträgt 1,7 %[1] des Bruttoverdienstes. Die Höchstgrenze ist genauso hoch wie in der Krankenversicherung. Seit 2005 zahlen Kinderlose einen Zuschlag von 0,25 % zur PV.

■ Arbeitslosenversicherungsbeitrag

Der Beitragssatz zur Arbeitslosenversicherung beträgt seit 01.01.2009 2,8 %. Höchstgrenze ist hier die Beitragsbemessungsgrenze der Rentenversicherung.

Den Beitrag zur gesetzlichen Unfallversicherung, die ebenfalls eine Sozialversicherung ist, bezahlt der Arbeitgeber in voller Höhe an die für den Betrieb zuständige Berufsgenossenschaft. Daher erscheint dieser Posten nicht in der Gehaltsabrechnung.

Merke

- Bruttogehalt – Abzüge = Nettogehalt
- Die Sozialversicherungsbeiträge werden grundsätzlich jeweils zur Hälfte vom Arbeitgeber und vom Arbeitnehmer gezahlt.
- Bei der Krankenversicherung müssen alle Arbeitnehmer einen Zuschlag von 0,9 % zahlen. Bei der Pflegeversicherung haben alle Kinderlosen einen Zuschlag von 0,25 % zu zahlen.
- Die Beiträge zur gesetzlichen Unfallversicherung werden allein vom Arbeitgeber gezahlt.

---

[1] Zum Zeitpunkt der Drucklegung dieses Werkes war eine Erhöhung des Beitrages zur Pflegeversicherung auf 1,95 % zum 01.07.2008 in der politischen Diskussion.

Allgemeine Monats-Lohnsteuertabelle 2008
von 1731,00 EUR bis 1766,99 EUR mit Kirchensteuer 9%

ab EUR	StK	Kinderfreibetrag Steuer	0,0 SolZ	0,0 KiSt	0,5 SolZ	0,5 KiSt	1 SolZ	1 KiSt	1,5 SolZ	1,5 KiSt	2 SolZ	2 KiSt	2,5 SolZ	2,5 KiSt	3 SolZ	3 KiSt	3,5 SolZ	3,5 KiSt	4 SolZ	4 KiSt
1731,00	I	185,91	10,22	16,73	6,82	11,16	0,00	5,91	0,00	1,59	0,00	0,00	0,00	0,00	0,00	0,00	0,00	0,00	0,00	0,00
	II	157,66	8,67	14,19	3,83	8,74	0,00	3,82	0,00	0,00	0,00	0,00	0,00	0,00	0,00	0,00	0,00	0,00	0,00	0,00
	III	4,00	0,00	0,36	0,00	0,00	0,00	0,00	0,00	0,00	0,00	0,00	0,00	0,00	0,00	0,00	0,00	0,00	0,00	0,00
	IV	185,91	10,22	16,73	8,50	13,91	6,82	11,16	3,25	8,48	0,00	5,91	0,00	3,61	0,00	1,59	0,00	0,00	0,00	0,00
	V	451,50	24,83	40,63	-	-	-	-	-	-	-	-	-	-	-	-	-	-	-	-
	VI	479,66	26,38	43,17	-	-	-	-	-	-	-	-	-	-	-	-	-	-	-	-
1734,00	I	186,66	10,26	16,80	6,86	11,22	0,00	5,97	0,00	1,63	0,00	0,00	0,00	0,00	0,00	0,00	0,00	0,00	0,00	0,00
	II	158,41	8,71	14,25	3,98	8,81	0,00	3,87	0,00	0,03	0,00	0,00	0,00	0,00	0,00	0,00	0,00	0,00	0,00	0,00
	III	4,33	0,00	0,39	0,00	0,00	0,00	0,00	0,00	0,00	0,00	0,00	0,00	0,00	0,00	0,00	0,00	0,00	0,00	0,00
	IV	186,66	10,26	16,80	8,54	13,98	6,86	11,22	3,40	8,55	0,00	5,97	0,00	3,66	0,00	1,63	0,00	0,00	0,00	0,00
	V	452,50	24,88	40,72	-	-	-	-	-	-	-	-	-	-	-	-	-	-	-	-
	VI	480,83	26,44	43,27	-	-	-	-	-	-	-	-	-	-	-	-	-	-	-	-
1737,00	I	187,41	10,30	16,86	6,90	11,29	0,00	6,03	0,00	1,68	0,00	0,00	0,00	0,00	0,00	0,00	0,00	0,00	0,00	0,00
	II	159,16	8,75	14,32	4,11	8,87	0,00	3,93	0,00	0,08	0,00	0,00	0,00	0,00	0,00	0,00	0,00	0,00	0,00	0,00
	III	4,83	0,00	0,43	0,00	0,00	0,00	0,00	0,00	0,00	0,00	0,00	0,00	0,00	0,00	0,00	0,00	0,00	0,00	0,00
	IV	187,41	10,30	16,86	8,58	14,04	6,90	11,29	3,53	8,61	0,00	6,03	0,00	3,72	0,00	1,68	0,00	0,00	0,00	0,00
	V	453,66	24,95	40,83	-	-	-	-	-	-	-	-	-	-	-	-	-	-	-	-
	VI	481,83	26,50	43,36	-	-	-	-	-	-	-	-	-	-	-	-	-	-	-	-
1740,00	I	188,16	10,34	16,93	6,93	11,35	0,00	6,09	0,00	1,72	0,00	0,00	0,00	0,00	0,00	0,00	0,00	0,00	0,00	0,00
	II	159,91	8,79	14,39	4,26	8,94	0,00	3,99	0,00	0,12	0,00	0,00	0,00	0,00	0,00	0,00	0,00	0,00	0,00	0,00
	III	5,16	0,00	0,46	0,00	0,00	0,00	0,00	0,00	0,00	0,00	0,00	0,00	0,00	0,00	0,00	0,00	0,00	0,00	0,00
	IV	188,16	10,34	16,93	8,62	14,11	6,93	11,35	3,68	8,67	0,00	6,09	0,00	3,77	0,00	1,72	0,00	0,00	0,00	0,00
	V	454,66	25,00	40,92	-	-	-	-	-	-	-	-	-	-	-	-	-	-	-	-
	VI	483,00	26,56	43,47	-	-	-	-	-	-	-	-	-	-	-	-	-	-	-	-
1743,00	I	188,91	10,39	17,00	6,98	11,42	0,00	6,15	0,00	1,77	0,00	0,00	0,00	0,00	0,00	0,00	0,00	0,00	0,00	0,00
	II	160,58	8,83	14,45	4,40	9,00	0,00	4,04	0,00	0,15	0,00	0,00	0,00	0,00	0,00	0,00	0,00	0,00	0,00	0,00
	III	5,50	0,00	0,49	0,00	0,00	0,00	0,00	0,00	0,00	0,00	0,00	0,00	0,00	0,00	0,00	0,00	0,00	0,00	0,00
	IV	188,91	10,39	17,00	8,66	14,17	6,98	11,42	3,81	8,73	0,00	6,15	0,00	3,81	0,00	1,77	0,00	0,00	0,00	0,00
	V	455,83	25,07	41,02	-	-	-	-	-	-	-	-	-	-	-	-	-	-	-	-
	VI	484,00	26,62	43,56	-	-	-	-	-	-	-	-	-	-	-	-	-	-	-	-
1746,00	I	189,75	10,43	17,07	7,02	11,49	0,00	6,21	0,00	1,81	0,00	0,00	0,00	0,00	0,00	0,00	0,00	0,00	0,00	0,00
	II	161,33	8,87	14,52	4,55	9,06	0,00	4,09	0,00	0,19	0,00	0,00	0,00	0,00	0,00	0,00	0,00	0,00	0,00	0,00
	III	5,83	0,00	0,52	0,00	0,00	0,00	0,00	0,00	0,00	0,00	0,00	0,00	0,00	0,00	0,00	0,00	0,00	0,00	0,00
	IV	189,75	10,43	17,07	8,70	14,24	7,02	11,49	3,96	8,80	0,00	6,21	0,00	3,87	0,00	1,81	0,00	0,03	0,00	0,00
	V	456,83	25,12	41,11	-	-	-	-	-	-	-	-	-	-	-	-	-	-	-	-
	VI	485,16	26,68	43,66	-	-	-	-	-	-	-	-	-	-	-	-	-	-	-	-
1749,00	I	190,50	10,47	17,14	7,05	11,55	0,00	6,27	0,00	1,86	0,00	0,00	0,00	0,00	0,00	0,00	0,00	0,00	0,00	0,00
	II	162,08	8,91	14,58	4,68	9,12	0,00	4,14	0,00	0,24	0,00	0,00	0,00	0,00	0,00	0,00	0,00	0,00	0,00	0,00
	III	6,16	0,00	0,55	0,00	0,00	0,00	0,00	0,00	0,00	0,00	0,00	0,00	0,00	0,00	0,00	0,00	0,00	0,00	0,00
	IV	190,50	10,47	17,14	8,74	14,31	7,05	11,55	4,10	8,86	0,00	6,27	0,00	3,93	0,00	1,86	0,00	0,07	0,00	0,00
	V	458,00	25,19	41,22	-	-	-	-	-	-	-	-	-	-	-	-	-	-	-	-
	VI	486,33	26,74	43,77	-	-	-	-	-	-	-	-	-	-	-	-	-	-	-	-
1752,00	I	191,25	10,51	17,21	7,09	11,61	0,00	6,33	0,00	1,90	0,00	0,00	0,00	0,00	0,00	0,00	0,00	0,00	0,00	0,00
	II	162,83	8,95	14,65	4,83	9,19	0,00	4,20	0,00	0,27	0,00	0,00	0,00	0,00	0,00	0,00	0,00	0,00	0,00	0,00
	III	6,66	0,00	0,60	0,00	0,00	0,00	0,00	0,00	0,00	0,00	0,00	0,00	0,00	0,00	0,00	0,00	0,00	0,00	0,00
	IV	191,25	10,51	17,21	8,78	14,37	7,09	11,61	4,25	8,93	0,00	6,33	0,00	3,98	0,00	1,90	0,00	0,11	0,00	0,00
	V	459,16	25,25	41,32	-	-	-	-	-	-	-	-	-	-	-	-	-	-	-	-
	VI	487,50	26,81	43,87	-	-	-	-	-	-	-	-	-	-	-	-	-	-	-	-
1755,00	I	192,00	10,56	17,28	7,14	11,68	0,00	6,39	0,00	1,95	0,00	0,00	0,00	0,00	0,00	0,00	0,00	0,00	0,00	0,00
	II	163,58	8,99	14,72	4,96	9,25	0,00	4,25	0,00	0,32	0,00	0,00	0,00	0,00	0,00	0,00	0,00	0,00	0,00	0,00
	III	7,00	0,00	0,63	0,00	0,00	0,00	0,00	0,00	0,00	0,00	0,00	0,00	0,00	0,00	0,00	0,00	0,00	0,00	0,00
	IV	192,00	10,56	17,28	8,82	14,44	7,14	11,68	4,38	8,99	0,00	6,39	0,00	4,03	0,00	1,95	0,00	0,15	0,00	0,00
	V	460,16	25,30	41,41	-	-	-	-	-	-	-	-	-	-	-	-	-	-	-	-
	VI	488,50	26,86	43,96	-	-	-	-	-	-	-	-	-	-	-	-	-	-	-	-
1758,00	I	192,75	10,60	17,34	7,18	11,75	0,00	6,45	0,00	2,00	0,00	0,00	0,00	0,00	0,00	0,00	0,00	0,00	0,00	0,00
	II	164,33	9,03	14,79	5,11	9,32	0,00	4,31	0,00	0,36	0,00	0,00	0,00	0,00	0,00	0,00	0,00	0,00	0,00	0,00
	III	7,33	0,00	0,66	0,00	0,00	0,00	0,00	0,00	0,00	0,00	0,00	0,00	0,00	0,00	0,00	0,00	0,00	0,00	0,00
	IV	192,75	10,60	17,34	8,86	14,51	7,18	11,75	4,53	9,06	0,00	6,45	0,00	4,08	0,00	2,00	0,00	0,19	0,00	0,00
	V	461,33	25,37	41,52	-	-	-	-	-	-	-	-	-	-	-	-	-	-	-	-
	VI	489,66	26,93	44,07	-	-	-	-	-	-	-	-	-	-	-	-	-	-	-	-
1761,00	I	193,58	10,64	17,42	7,21	11,81	0,00	6,51	0,00	2,04	0,00	0,00	0,00	0,00	0,00	0,00	0,00	0,00	0,00	0,00
	II	165,08	9,07	14,85	5,26	9,39	0,00	4,36	0,00	0,40	0,00	0,00	0,00	0,00	0,00	0,00	0,00	0,00	0,00	0,00
	III	7,66	0,00	0,69	0,00	0,00	0,00	0,00	0,00	0,00	0,00	0,00	0,00	0,00	0,00	0,00	0,00	0,00	0,00	0,00
	IV	193,58	10,64	17,42	8,91	14,58	7,21	11,81	4,66	9,12	0,00	6,51	0,00	4,14	0,00	2,04	0,00	0,23	0,00	0,00
	V	462,33	25,42	41,61	-	-	-	-	-	-	-	-	-	-	-	-	-	-	-	-
	VI	490,83	26,99	44,17	-	-	-	-	-	-	-	-	-	-	-	-	-	-	-	-
1764,00	I	194,33	10,68	17,49	7,26	11,88	0,00	6,57	0,00	2,09	0,00	0,00	0,00	0,00	0,00	0,00	0,00	0,00	0,00	0,00
	II	165,83	9,12	14,92	5,40	9,45	0,00	4,41	0,00	0,44	0,00	0,00	0,00	0,00	0,00	0,00	0,00	0,00	0,00	0,00
	III	8,16	0,00	0,73	0,00	0,00	0,00	0,00	0,00	0,00	0,00	0,00	0,00	0,00	0,00	0,00	0,00	0,00	0,00	0,00
	IV	194,33	10,68	17,49	8,95	14,64	7,26	11,88	4,81	9,18	0,00	6,57	0,00	4,19	0,00	2,09	0,00	0,27	0,00	0,00
	V	463,50	25,49	41,71	-	-	-	-	-	-	-	-	-	-	-	-	-	-	-	-
	VI	491,83	27,05	44,26	-	-	-	-	-	-	-	-	-	-	-	-	-	-	-	-

Allgemeine Monats-Lohnsteuertabelle 2008
von 2091,00 EUR bis 2126,99 EUR mit Kirchensteuer 9%

ab EUR	StK	Steuer	Kinderfreibetrag 0,0 SolZ	KiSt	0,5 SolZ	KiSt	1 SolZ	KiSt	1,5 SolZ	KiSt	2 SolZ	KiSt	2,5 SolZ	KiSt	3 SolZ	KiSt	3,5 SolZ	KiSt	4 SolZ	KiSt
2091,00	I	280,66	15,43	25,26	11,77	19,27	8,29	13,57	2,55	8,16	0,00	3,35	0,00	0,00	0,00	0,00	0,00	0,00	0,00	0,00
	II	250,33	13,76	22,53	10,18	16,67	6,78	11,10	0,00	5,86	0,00	1,54	0,00	0,00	0,00	0,00	0,00	0,00	0,00	0,00
	III	54,33	0,00	4,89	0,00	1,15	0,00	0,00	0,00	0,00	0,00	0,00	0,00	0,00	0,00	0,00	0,00	0,00	0,00	0,00
	IV	280,66	15,43	25,26	13,58	22,23	11,77	19,27	10,01	16,38	8,29	13,57	6,62	10,83	2,55	8,16	0,00	5,62	0,00	3,35
	V	589,33	32,41	53,04	-	-	-	-	-	-	-	-	-	-	-	-	-	-	-	-
	VI	620,66	34,13	55,86	-	-	-	-	-	-	-	-	-	-	-	-	-	-	-	-
2094,00	I	281,50	15,48	25,33	11,82	19,34	8,33	13,64	2,70	8,23	0,00	3,40	0,00	0,00	0,00	0,00	0,00	0,00	0,00	0,00
	II	251,08	13,80	22,59	10,23	16,74	6,82	11,16	0,00	5,92	0,00	1,59	0,00	0,00	0,00	0,00	0,00	0,00	0,00	0,00
	III	54,83	0,00	4,93	0,00	1,18	0,00	0,00	0,00	0,00	0,00	0,00	0,00	0,00	0,00	0,00	0,00	0,00	0,00	0,00
	IV	281,50	15,48	25,33	13,63	22,30	11,82	19,34	10,05	16,45	8,33	13,64	6,66	10,90	2,70	8,23	0,00	5,68	0,00	3,40
	V	590,50	32,47	53,14	-	-	-	-	-	-	-	-	-	-	-	-	-	-	-	-
	VI	621,83	34,20	55,96	-	-	-	-	-	-	-	-	-	-	-	-	-	-	-	-
2097,00	I	282,33	15,52	25,41	11,86	19,41	8,37	13,71	2,83	8,29	0,00	3,45	0,00	0,00	0,00	0,00	0,00	0,00	0,00	0,00
	II	251,91	13,85	22,67	10,27	16,80	6,86	11,23	0,00	5,98	0,00	1,63	0,00	0,00	0,00	0,00	0,00	0,00	0,00	0,00
	III	55,33	0,00	4,98	0,00	1,23	0,00	0,00	0,00	0,00	0,00	0,00	0,00	0,00	0,00	0,00	0,00	0,00	0,00	0,00
	IV	282,33	15,52	25,41	13,67	22,37	11,86	19,41	10,10	16,53	8,37	13,71	6,70	10,96	2,83	8,29	0,00	5,74	0,00	3,45
	V	591,83	32,55	53,26	-	-	-	-	-	-	-	-	-	-	-	-	-	-	-	-
	VI	623,00	34,26	56,07	-	-	-	-	-	-	-	-	-	-	-	-	-	-	-	-
2100,00	I	283,08	15,56	25,47	11,90	19,48	8,41	13,77	2,98	8,36	0,00	3,51	0,00	0,00	0,00	0,00	0,00	0,00	0,00	0,00
	II	252,75	13,90	22,74	10,31	16,87	6,90	11,30	0,00	6,04	0,00	1,68	0,00	0,00	0,00	0,00	0,00	0,00	0,00	0,00
	III	56,00	0,00	5,04	0,00	1,27	0,00	0,00	0,00	0,00	0,00	0,00	0,00	0,00	0,00	0,00	0,00	0,00	0,00	0,00
	IV	283,08	15,56	25,47	13,71	22,44	11,90	19,48	10,14	16,59	8,41	13,77	6,74	11,03	2,98	8,36	0,00	5,80	0,00	3,51
	V	593,00	32,61	53,37	-	-	-	-	-	-	-	-	-	-	-	-	-	-	-	-
	VI	624,33	34,33	56,19	-	-	-	-	-	-	-	-	-	-	-	-	-	-	-	-
2103,00	I	283,91	15,61	25,55	11,94	19,55	8,46	13,84	3,11	8,42	0,00	3,56	0,00	0,00	0,00	0,00	0,00	0,00	0,00	0,00
	II	253,50	13,94	22,81	10,35	16,95	6,94	11,37	0,00	6,10	0,00	1,73	0,00	0,00	0,00	0,00	0,00	0,00	0,00	0,00
	III	56,50	0,00	5,08	0,00	1,32	0,00	0,00	0,00	0,00	0,00	0,00	0,00	0,00	0,00	0,00	0,00	0,00	0,00	0,00
	IV	283,91	15,61	25,55	13,76	22,52	11,94	19,55	10,18	16,66	8,46	13,84	6,78	11,10	3,11	8,42	0,00	5,85	0,00	3,56
	V	594,33	32,68	53,49	-	-	-	-	-	-	-	-	-	-	-	-	-	-	-	-
	VI	625,66	34,41	56,31	-	-	-	-	-	-	-	-	-	-	-	-	-	-	-	-
2106,00	I	284,75	15,66	25,62	11,99	19,62	8,50	13,91	3,26	8,49	0,00	3,61	0,00	0,00	0,00	0,00	0,00	0,00	0,00	0,00
	II	254,33	13,98	22,89	10,39	17,01	6,98	11,43	0,00	6,16	0,00	1,77	0,00	0,00	0,00	0,00	0,00	0,00	0,00	0,00
	III	57,00	0,00	5,13	0,00	1,36	0,00	0,00	0,00	0,00	0,00	0,00	0,00	0,00	0,00	0,00	0,00	0,00	0,00	0,00
	IV	284,75	15,66	25,62	13,80	22,59	11,99	19,62	10,22	16,73	8,50	13,91	6,82	11,16	3,26	8,49	0,00	5,91	0,00	3,61
	V	595,33	32,74	53,58	-	-	-	-	-	-	-	-	-	-	-	-	-	-	-	-
	VI	626,66	34,46	56,40	-	-	-	-	-	-	-	-	-	-	-	-	-	-	-	-
2109,00	I	285,58	15,70	25,70	12,03	19,69	8,54	13,98	3,40	8,55	0,00	3,66	0,00	0,00	0,00	0,00	0,00	0,00	0,00	0,00
	II	255,16	14,03	22,96	10,44	17,08	7,02	11,49	0,00	6,22	0,00	1,82	0,00	0,00	0,00	0,00	0,00	0,00	0,00	0,00
	III	57,50	0,00	5,17	0,00	1,39	0,00	0,00	0,00	0,00	0,00	0,00	0,00	0,00	0,00	0,00	0,00	0,00	0,00	0,00
	IV	285,58	15,70	25,70	13,85	22,66	12,03	19,69	10,26	16,80	8,54	13,98	6,86	11,22	3,40	8,55	0,00	5,97	0,00	3,66
	V	596,66	32,81	53,70	-	-	-	-	-	-	-	-	-	-	-	-	-	-	-	-
	VI	628,00	34,54	56,52	-	-	-	-	-	-	-	-	-	-	-	-	-	-	-	-
2112,00	I	286,41	15,75	25,77	12,07	19,76	8,58	14,04	3,53	8,61	0,00	3,72	0,00	0,00	0,00	0,00	0,00	0,00	0,00	0,00
	II	255,91	14,07	23,03	10,48	17,15	7,06	11,56	0,00	6,27	0,00	1,86	0,00	0,00	0,00	0,00	0,00	0,00	0,00	0,00
	III	58,16	0,00	5,23	0,00	1,44	0,00	0,00	0,00	0,00	0,00	0,00	0,00	0,00	0,00	0,00	0,00	0,00	0,00	0,00
	IV	286,41	15,75	25,77	13,89	22,73	12,07	19,76	10,30	16,86	8,58	14,04	6,90	11,29	3,53	8,61	0,00	6,03	0,00	3,72
	V	597,83	32,88	53,80	-	-	-	-	-	-	-	-	-	-	-	-	-	-	-	-
	VI	629,33	34,61	56,64	-	-	-	-	-	-	-	-	-	-	-	-	-	-	-	-
2115,00	I	287,25	15,79	25,85	12,12	19,83	8,62	14,11	3,68	8,67	0,00	3,77	0,00	0,00	0,00	0,00	0,00	0,00	0,00	0,00
	II	256,75	14,12	23,10	10,52	17,22	7,10	11,62	0,00	6,33	0,00	1,91	0,00	0,00	0,00	0,00	0,00	0,00	0,00	0,00
	III	58,66	0,00	5,28	0,00	1,48	0,00	0,00	0,00	0,00	0,00	0,00	0,00	0,00	0,00	0,00	0,00	0,00	0,00	0,00
	IV	287,25	15,79	25,85	13,93	22,80	12,12	19,83	10,34	16,93	8,62	14,11	6,93	11,35	3,68	8,67	0,00	6,09	0,00	3,77
	V	599,16	32,95	53,92	-	-	-	-	-	-	-	-	-	-	-	-	-	-	-	-
	VI	630,50	34,67	56,74	-	-	-	-	-	-	-	-	-	-	-	-	-	-	-	-
2118,00	I	288,08	15,84	25,92	12,16	19,90	8,66	14,18	3,81	8,73	0,00	3,82	0,00	0,00	0,00	0,00	0,00	0,00	0,00	0,00
	II	257,50	14,16	23,17	10,56	17,28	7,14	11,69	0,00	6,39	0,00	1,95	0,00	0,00	0,00	0,00	0,00	0,00	0,00	0,00
	III	59,16	0,00	5,32	0,00	1,53	0,00	0,00	0,00	0,00	0,00	0,00	0,00	0,00	0,00	0,00	0,00	0,00	0,00	0,00
	IV	288,08	15,84	25,92	13,98	22,88	12,16	19,90	10,39	17,01	8,66	14,18	6,98	11,42	3,81	8,73	0,00	6,15	0,00	3,82
	V	600,33	33,01	54,03	-	-	-	-	-	-	-	-	-	-	-	-	-	-	-	-
	VI	631,66	34,74	56,85	-	-	-	-	-	-	-	-	-	-	-	-	-	-	-	-
2121,00	I	288,83	15,88	25,99	12,21	19,98	8,70	14,25	3,96	8,80	0,00	3,87	0,00	0,03	0,00	0,00	0,00	0,00	0,00	0,00
	II	258,33	14,20	23,25	10,61	17,36	7,18	11,76	0,00	6,46	0,00	2,01	0,00	0,00	0,00	0,00	0,00	0,00	0,00	0,00
	III	59,83	0,00	5,38	0,00	1,57	0,00	0,00	0,00	0,00	0,00	0,00	0,00	0,00	0,00	0,00	0,00	0,00	0,00	0,00
	IV	288,83	15,88	25,99	14,02	22,95	12,21	19,98	10,43	17,07	8,70	14,25	7,02	11,49	3,96	8,80	0,00	6,21	0,00	3,87
	V	601,50	33,08	54,13	-	-	-	-	-	-	-	-	-	-	-	-	-	-	-	-
	VI	633,00	34,81	56,97	-	-	-	-	-	-	-	-	-	-	-	-	-	-	-	-
2124,00	I	289,66	15,93	26,07	12,25	20,04	8,74	14,31	4,10	8,86	0,00	3,93	0,00	0,07	0,00	0,00	0,00	0,00	0,00	0,00
	II	259,16	14,25	23,32	10,65	17,43	7,22	11,82	0,00	6,52	0,00	2,05	0,00	0,00	0,00	0,00	0,00	0,00	0,00	0,00
	III	60,33	0,00	5,43	0,00	1,62	0,00	0,00	0,00	0,00	0,00	0,00	0,00	0,00	0,00	0,00	0,00	0,00	0,00	0,00
	IV	289,66	15,93	26,07	14,07	23,02	12,25	20,04	10,47	17,14	8,74	14,31	7,06	11,55	4,10	8,86	0,00	6,27	0,00	3,93
	V	602,66	33,14	54,24	-	-	-	-	-	-	-	-	-	-	-	-	-	-	-	-
	VI	634,16	34,87	57,07	-	-	-	-	-	-	-	-	-	-	-	-	-	-	-	-

Berechnung des Gehaltes für die Mitarbeiterin Susanne Jannsen (vgl. S. 79)
Sie ist bei der AOK Niedersachsen versichert (Beitragssatz 14,6%)

		AG-Anteil	AN-Anteil	Gesamt	
	Bruttogehalt				1760,00
Steuern	– Lohnsteuer	0,00	193,58	193,58	
	– SolZ	0,00	10,64	10,64	
	– Kirchensteuer	0,00	17,42	17,42	
		0,00	221,64	221,64	–221,64
Beiträge	– KV (7,3%)	128,48	128,48	256,96	
	– Zuschlag (0,9%)	0,00	15,84	15,84	
	– PV (0,85%)	14,96	14,96	29,92	
	– Zuschlag (0,25%)	0,00	4,40	4,40	
	– RV (9,95%)	175,12	175,12	350,24	
	– ALV (1,65%)[1]	29,04	29,04	58,08	
		347,60	367,84	715,44	–367,84
	Nettogehalt				1170,52

9.2 Buchung der Personalkosten

Im Zusammenhang mit einer Gehaltszahlung müssen folgende Transaktionen buchhalterisch berücksichtigt werden:

1. Zahlung des Gehalts mit Überweisung des Nettogehalts und Einbehaltung des Arbeitnehmeranteils zur Sozialversicherung,
2. Fälligkeit des Arbeitgeberanteils zur Sozialversicherung,
3. Überweisung der einbehaltenen Lohn- und Kirchensteuer an das zuständige Finanzamt,
4. Überweisung der einbehaltenen Sozialversicherungsbeiträge und des Arbeitgeberanteils an die zuständige Krankenkasse.

Für den Betrieb stellt der Bruttoverdienst eines Arbeitnehmers einen Aufwand dar, der im Soll des Kontos „Personalkosten" gebucht werden muss. Der Arbeitgeberanteil zur Sozialversicherung ist als zusätzlicher Aufwand im Soll des Kontos „Sozialer Aufwand" zu buchen. Die einbehaltenen Abzüge (Lohn- und Kirchensteuer, Arbeitnehmeranteil) und der zu zahlende Arbeitgeberanteil stellen Verbindlichkeiten gegenüber dem Finanzamt und den Sozialversicherungsträgern dar und werden im Haben des Kontos „noch abzuführende Abgaben" gebucht. Der Arbeitgeber ist verpflichtet, bis zum 10. des folgenden Monats die einbehaltenen Steuern an das Finanzamt und die Sozialversicherungsbeiträge bis zum drittletzten Bankarbeitstag des laufenden Monats an die zuständige Krankenkasse abzuführen. Diese beiden Institutionen sorgen für die Weiterverteilung des Geldes.

---

[1] Ab 01.01.2008 1,65 %.

Besonderheiten bei der Gehaltsabrechnung

Die Gehaltsabrechnung von Seite 79 wird folgendermaßen gebucht:

1. Buchungssätze:

Text	Soll/EUR	Haben/EUR
a) **bei Zahlung des Gehalts**		
Personalkosten	1 760,00	
an Bank		1 170,52
an noch abzuführende Abgaben		589,48
Sozialer Aufwand	347,60	
an noch abzuführende Abgaben		347,60
b) **Überweisung an das Finanzamt**		
noch abzuführende Abgaben	221,64	
an Bank		221,64
c) **Überweisung an die Krankenkasse**		
noch abzuführende Abgaben	715,44	
an Bank		715,44

2. Kontenübersicht:

S	(400) Personalkosten	H		S	(120) Bank	H
B., n.a. Abg. 1 760,00					Pers. kost. 1 170,52	
					n. a. Abg. 221,64	
					n. a. Abg. 715,44	

S	(403) sozialer Aufwand	H		S	(170) noch abzuf. Abgaben	H
n.a. Abg. 347,60				Bank 221,64		Pers. kost. 589,48
				Bank 715,44		soz. Aufw. 347,60
				937,08		937,08

Nach Abschluss der Buchungen ist im Beispiel das Konto „noch abzuführende Abgaben" ausgeglichen. Am Jahresende ist das meist nicht der Fall, weil die einbehaltenen Steuern erst im Januar des nächsten Jahres überwiesen werden. Diese Verbindlichkeit ist über das Konto SBK abzuschließen. Es stellt einen Passivposten in der Bilanz dar.

9.3 Besonderheiten bei der Gehaltsabrechnung

■ Vermögenswirksame Leistungen

Das 5. Vermögensbildungsgesetz von 1965 bildet den Rahmen zur Förderung von Privatvermögen bei Arbeitnehmern. Die Leistungen zur Vermögensbildung können aus einem Teil des Arbeitslohns und/oder aus Zusatzleistungen des Arbeitgebers bestehen.

Sofern keine festgelegten Einkommensgrenzen überschritten werden, zahlt der Staat eine steuer- und sozialversicherungsfreie Zulage. Die Höhe dieser Zulage richtet sich nach der Anlageform, z.B. Bausparverträge, Investmentfonds.

Die Auszahlung der **Arbeitnehmersparzulage** erfolgt seit 1990 nach Ablauf eines Jahres durch das zuständige Finanzamt im Rahmen der Einkommensteuerveranlagung.

Die Zuschüsse des Arbeitgebers zu den vermögenswirksamen Leistungen sind zusätzliches Einkommen und steuer- und sozialversicherungspflichtig.

■ steuerpflichtiger zusätzlicher Arbeitslohn

Über das normale Bruttogehalt hinaus sind fast alle anderen Zahlungen des Arbeitgebers steuer- und sozialversicherungspflichtig.

Dazu gehören u.a.

- Sonderzahlungen wie das Urlaubs- oder Weihnachtsgeld
- Fahrtkostenerstattungen für den Weg zwischen Arbeitsstätte und Wohnung (allerdings ist die Erstattung der Fahrtkosten für die Benutzung öffentlicher Verkehrsmittel steuerfrei)
- Sachzuwendungen, z. B. Überlassung von Firmenfahrzeugen zur privaten Nutzung oder Überlassung von Mahlzeiten
- geldwerte Vorteile, sofern sie einen Freibetrag von 1 224,00 EUR überschreiten.

Geldwerte Vorteile sind Einsparungen, die ein Arbeitnehmer aufgrund seiner Tätigkeit erwirbt. Bei Mitarbeitern eines Reisebüros kommen dafür insbesondere verbilligte oder kostenlose Reisen in Betracht.

> **Beispiele**
> 1. Die Auszubildende Anke Schulze nimmt an einer „Info-Reise" des Reiseveranstalters „Sun-Tours" teil. Die Kosten für diese Reise werden vom Arbeitgeber übernommen.
> 2. Der Reisebüromitarbeiter Jann Hoffmann bucht eine Amerika-Pauschalreise des Reiseveranstalters „Sun-Tours". Der Katalogpreis für diese Reise beträgt 2 500,00 EUR. Er zahlt lediglich 1 800,00 EUR. Der Reiseveranstalter gewährt üblicherweise eine Provision von 10 %.

Jedes Reisebüro hat ein Interesse daran, dass die Mitarbeiter gute Kenntnisse über Zielgebiete haben. Info-Reisen sind daher als betriebliche Fort- und Weiterbildung anzusehen und somit steuerfrei. Allerdings werden an solche Reisen strenge Anforderungen gestellt. Dient eine Reise nicht ausschließlich der Information, sondern bietet auch Möglichkeiten der privaten Freizeitgestaltung, so ist der geldwerte Vorteil (abzüglich des Freibetrages von 1 224,00 EUR) als steuerpflichtiger Arbeitslohn anzusehen.

Die Berechnung des geldwerten Vorteils, der nicht vom Arbeitgeber, sondern von dritter Seite (z. B. der von den Reiseveranstaltern gewährte Expedientenrabatt) gewährt wird, ist relativ umständlich. Die Lohnsteuerrichtlinien teilen die Ersparnis auf:

- **Leistung des Arbeitgebers:** Der Arbeitgeber verzichtet auf die ihm zustehende Provision. Diese wird um 4% gekürzt. Liegt dieser Betrag unter dem Jahresfreibetrag von 1 224,00 EUR, ist dieser Teil der Ersparnis steuerfrei.
- **Leistung des Veranstalters:** Der Reisepreis wird zuerst um die Provision an das Reisebüro gekürzt. Dieser Betrag wird um einen Betrag von 4% gekürzt. Schließlich wird die Zahlung des Reisebüromitarbeiters abgezogen. Die Differenz ergibt den geldwerten Vorteil, der voll zu versteuern ist.

Für das Beispiel 2 ergibt sich:

Katalogpreis	2 500,00 EUR	
– 10 % Provision	250,00 EUR	(250,00 EUR – 4% = 240,00 EUR, steuerfrei, unter 1 224,00 EUR)
	2 250,00 EUR	
– 4 % Rabatt	90,00 EUR	
	2 160,00 EUR	
– Zahlung	1 800,00 EUR	
= geldwerter Vorteil	360,00 EUR	(in voller Höhe zu versteuern)

Der Arbeitgeber ist verpflichtet, für diese Vorteile Lohnsteuer abzuführen.

■ Steuerfreier zusätzlicher Arbeitslohn

Bestimmte Zuwendungen des Arbeitgebers sind steuerfrei, z.B.:

- Aufmerksamkeiten, d.h. Sachgeschenke aus besonderem Anlass bis zu einem Wert von 40,00 EUR, wie ein Blumenstrauß zum Geburtstag
- übliche Zuwendungen bei Betriebsveranstaltungen
- betriebliche Fort- und Weiterbildungsleistungen
- Fahrgelderstattungen für öffentliche Verkehrsmittel
- Zuwendungen anlässlich der Eheschließung oder der Geburt eines Kindes bis 315,00 EUR
- Abfindungen bei Auflösung des Dienstverhältnisses bis zu bestimmten Freibeträgen.

■ Freibeträge auf der Lohnsteuerkarte

Auf Antrag können vom Finanzamt Freibeträge für erhöhte Werbungskosten, Sonderausgaben oder außergewöhnliche Belastungen eingetragen werden, sofern die jeweiligen Pauschalbeträge überschritten werden.

Beispiel Die Reisebüromitarbeiterin Karin Müller fährt jährlich an ca. 220 Tagen jeweils 50 Entfernungskilometer mit dem eigenen Pkw zur Arbeit.

Für Fahrten zwischen Wohnung und Arbeitsstätte können Werbungskosten geltend gemacht werden. Diese betragen für jeden Entfernungskilometer 0,30 EUR. Für Karin Müller sind dies 3 300,00 EUR (220 · 50 · 0,30). Der Betrag übersteigt den Arbeitnehmer-Pauschbetrag in Höhe von 920,00 EUR um 2 380,00 EUR. Auf Antrag wird er vom Finanzamt in die Lohnsteuerkarte eingetragen.

Dieser Jahresbetrag wird bei der Berechnung der Lohnsteuer nicht berücksichtigt, er ist aber weiterhin sozialversicherungspflichtig. Ein Arbeitnehmer, bei dem ein Lohnsteuerfreibetrag auf der Lohnsteuerkarte eingetragen wurde, ist verpflichtet, für dieses Jahr eine Einkommensteuererklärung abzugeben.

> **Merke**
> - Der Staat begünstigt vermögenswirksame Anlageformen durch die Zahlung der Arbeitnehmersparzulage.
> - Ein Zuschuss des Arbeitgebers zu den vermögenswirksamen Leistungen ist steuer- und sozialversicherungspflichtig.
> - Zusätzliche Leistungen des Arbeitgebers können steuerpflichtig oder steuerfrei sein.
> - Für voraussichtlich auftretende Werbungskosten, Sonderausgaben und/oder außergewöhnliche Belastungen kann ein Freibetrag in die Lohnsteuerkarte eingetragen werden.

Übungsaufgaben

1 Berechnen Sie für die folgenden Aufgaben das Nettogehalt und ggf. den Auszahlungsbetrag für die einzelnen Arbeitnehmer. Verwenden Sie dazu die Tabellen auf den Seiten 82 ff. Der Beitragssatz zur KV soll 14,6 % betragen.
   a) Karin Müller, Reiseverkehrskauffrau aus Göttingen, Bruttogehalt 1 757,00 EUR, Steuerklasse V, konfessionslos.
   b) Anja Walter, Büroleiterin in Oldenburg, Bruttogehalt 2 220,00 EUR, Steuerklasse IV, 2 Kinder, evangelisch-lutherisch. Auf der Lohnsteuerkarte ist ein monatlicher Freibetrag von 100,00 EUR eingetragen.
   c) Busfahrer Siegfried Schulze aus Hannover, Bruttoarbeitslohn 2 080,00 EUR, Steuerklasse III, 1,5 Kinder, evangelisch-freikirchlich. Der Arbeitgeber zahlt ihm die vermögenswirksamen Leistungen in Höhe von 39,00 EUR, die Schulze in einem Investmentfond anspart.
   d) Claudia Krause, Reiseverkehrskauffrau aus Osnabrück, Bruttogehalt 1 764,00 EUR, Steuerklasse IV, römisch-katholisch, keine Kinder. Der Arbeitgeber schenkte ihr anlässlich ihrer Hochzeit 250,00 EUR.
   e) Jan Meier, Reiseverkehrskaufmann aus Wilhelmshaven, Bruttogehalt 1752,00 EUR, konfessionslos, ein Kind, Ehefrau arbeitet nicht. Meier legt seine vermögenswirksamen Leistungen von 39,00 EUR in einem Bausparvertrag an. Der Arbeitgeber zahlt ihm einen Zuschuss zu den vermögenswirksamen Leistungen in Höhe von 15,00 EUR.

2 Muss für die folgenden Leistungen Lohnsteuer gezahlt werden oder nicht? Begründen Sie Ihre Ansicht!
   a) Der Arbeitgeber lädt seine Mitarbeiter zu einer Weihnachtsfeier ein. Je Mitarbeiter entstehen ihm Kosten in Höhe von 80,00 EUR.
   b) Auf dieser Feier bekommt jeder Mitarbeiter ein Weihnachtspäckchen mit Süßigkeiten im Wert von 20,00 EUR.
   c) Der Arbeitgeber bezahlt die Bücher für den Berufsschulunterricht.
   d) Der Büroleiterin steht ein Geschäftswagen zur Verfügung, den sie auch privat nutzen darf.
   e) Ein ehemaliger Auszubildender bekommt nach seiner guten Abschlussprüfung vom Arbeitgeber ein Geldgeschenk von 200,00 EUR und einen Bildband im Wert von 25,00 EUR.
   f) Nach einem besonders guten Geschäftsjahr zahlt der Arbeitgeber allen Mitarbeitern eine Gratifikation von 1 000,00 EUR.
   g) Ein Mitarbeiter besucht die ITB in Berlin. Die Reisespesen werden vom Arbeitgeber bezahlt.

3 Ein Reisebüromitarbeiter bucht für sich und seine Ehefrau eine Kreuzfahrt der „Ocean-Travel", Kiel. Der Katalogpreis beträgt je Person 3 500,00 EUR. Er zahlt jedoch nur 5 000,00 EUR. Der Veranstalter gewährt üblicherweise eine Provision von 10 %.
Wie viel EUR muss der Mitarbeiter versteuern?

10 Wertminderungen des Anlage- und Umlaufvermögens

10.1 Abschreibungen des Anlagevermögens

Situation Beim Reisebüro A. Globus wurde am Jahresanfang ein neuer Schreibtisch angeschafft. Dabei fielen die beiden folgenden Belege an.

Beleg-Nr. 1

DEICHGRAF & CO.
BÜROBEDARFSGROSSHANDLUNG

Deichgraf & Co. · Schulstraße 55 · 26506 Norden

Reisebüro
Albert Globus
Neuer Weg 134
26506 Norden

☏ 04931 5819

Bankverbindungen:
Kreis- und Stadtsparkasse Norden
BLZ 283 500 00 Kto.-Nr. 1586327
Oldenburgische Landesbank AG, Norden
BLZ 283 320 00 Kto.-Nr. 420 635
Postbankkonto Hannover
BLZ 250 100 300 Kto.-Nr. 153 24-601
Ust-IdNr. DE 234567891
St.-Nr. 062/111/4444

RECHNUNG

Nr. 86/20..
vom ..-01-13
Lieferschein-Nr. 12

Ihr Zeichen/Bestellung Nr./Datum	Unser Zeichen	Unsere Auftrags-Nr.		
Versandbedingungen ab hier	Versandart Lkw	Versanddatum 13.01...		
Menge	Artikelbezeichnung		Einzelpreis EUR	Gesamtpreis EUR
1	Schreibtisch		2 400,00	2 400,00
	Frachtkosten		60,00	60,00

| Zahlbar innerhalb 8 Tagen mit 3 % Skonto innerhalb 30 Tagen rein netto Kasse | Netto-Warenwert 2 460,00 | MWSt. 19 % | MWSt.-Betrag 467,40 | Rechnungsbetrag 2 927,40 EUR |

Eigentumsvorbehalt bis zur restlosen Bezahlung · Erfüllungsort und Gerichtsstand für beide Teile ist Norden.

Beleg-Nr. 2

Überweisung 400 501 50
Sparkasse Münsterland Ost
Münster - Warendorf

Bitte denken Sie daran:
Vordruck nur mit der Schreibmaschine oder handschriftlich in Blockschrift und in **GROSSBUCHSTABEN** ausfüllen!

Begünstigter: Name, Vorname/Firma (max. 27 Stellen)
Deichgraf & Co. Norden

Konto-Nr. des Begünstigten
1586327

Die Durchschrift ist für Ihre Unterlagen bestimmt.

Bankleitzahl
28350000

Kreditinstitut des Begünstigten
Kreis- und Stadtsparkasse Norden

EUR   Betrag: Euro, Cent
2 839,58

Kunden-Referenznummer - Verwendungszweck, ggf. Name und Anschrift des Überweisenden - (nur für Begünstigten)
Rechnung Nr. 86/.. abzüglich 3% Skonto

noch Verwendungszweck (insgesamt max. 2 Zeilen à 27 Stellen)

Kontoinhaber: Name, Vorname/Firma, Ort (max. 27 Stellen, keine Straßen- oder Postfachangaben)
Reisebüro Albert Globus

Konto-Nr. des Kontoinhabers
3232332   20

Bitte NICHT VERGESSEN:
Datum/Unterschrift   16. Januar.. *A. Globus*
                           Datum, Unterschrift

10.1.1 Notwendigkeit der Abschreibung

Alle Anlagegüter eines Unternehmens, wie Gebäude, Maschinen, Busse und BGA, verlieren im Laufe der Zeit an Wert. Gründe für den Wertverlust können u.a. sein:

- **Abnutzung durch Gebrauch** (Nutzungsverschleiß),
- **natürlicher oder ruhender Verschleiß** (Verrosten, Zersetzung),
- **wirtschaftliche Überholung** (technischer Fortschritt, Modewechsel, Nachfrageänderungen) oder
- **Untergang des Anlagegutes** (Totalschaden bei Autounfall).

Diese Wertminderung der abnutzbaren Gegenstände des Anlagevermögens[1] stellen für das Unternehmen einen Aufwand dar. Sie werden als Abschreibungen oder steuerrechtlich als AfA (Absetzung für Abnutzung) bezeichnet. Die Abschreibungen sind Aufwendungen, die am Ende des Geschäftsjahres im Soll des Aufwandskontos „Abschreibungen" gesammelt werden.

Am Ende des Jahres werden die Abschreibungen von den **Anschaffungskosten** abgezogen. Der sich ergebende **Restbuchwert** (auch Restwert, Buchwert) wird in die Bilanz übernommen.

> Anschaffungskosten
> − Abschreibungen
> = Restbuchwert

10.1.2 Berechnung der Abschreibung

Die Höhe der Abschreibung hängt ab von

- der Höhe der **Anschaffungskosten**,
- der voraussichtlichen **Nutzungsdauer** und
- dem gewählten **Abschreibungsverfahren**.

■ **Anschaffungskosten der Anlagegüter**

> **§ 255 HGB Anschaffungs- und Herstellungskosten**
>
> (1) Anschaffungskosten sind die Aufwendungen, die geleistet werden, um einen Vermögensgegenstand zu erwerben und ihn in einen betriebsbereiten Zustand zu versetzen, soweit sie dem Vermögensgegenstand einzeln zugeordnet werden können. Zu den Anschaffungskosten gehören auch die Nebenkosten sowie die nachträglichen Anschaffungskosten. Anschaffungspreisminderungen sind abzusetzen.

Der Gesetzgeber verlangt die Aktivierung der Nebenkosten aus einem guten Grund. Würden diese sofort als Aufwendungen geltend gemacht, würde der Gewinn im Anschaffungsjahr zu niedrig ausfallen. Sie müssen daher wie der reine Kaufpreis auf die Jahre der Nutzung verteilt werden.

---

[1] Grundstücke unterliegen nicht der Abnutzung, werden daher nicht abgeschrieben!

Typische Nebenkosten sind z. B. bei

- **beweglichen Anlagegütern:** Frachten, Montagekosten, Überführungs- und Zulassungskosten usw.
- **unbeweglichen Anlagegütern:** Maklerprovisionen, Gerichts- und Notargebühren, Grunderwerbsteuer usw.

Preisminderungen sind z. B. **Rabatte, Skonti** (für vorzeitige Zahlung) und **Boni** (nachträglich gewährte Rabatte).

■ Nutzungsdauer von Anlagegütern

Für fast alle Wirtschaftsgüter ist abzuschätzen, wie lang die voraussichtliche Nutzungsdauer sein wird. Man geht dabei von Erfahrungswerten der Vergangenheit aus. Das Bundesfinanzministerium gibt sog. AfA-Tabellen heraus, aus denen die steuerliche Nutzungsdauer abzulesen ist.

Diese Nutzungsdauer stimmt zwar nicht unbedingt mit der tatsächlichen Nutzungsdauer überein, aber in der Praxis wird sie in der Regel für den Jahresabschluss zugrunde gelegt. Die Unternehmen sind an einer möglichst kurzen Nutzungsdauer interessiert, weil dadurch ihr steuerlicher Gewinn niedriger gehalten werden kann. Für die Steuerbehörden gilt das Gegenteil. Durch die AfA-Tabellen werden Werte festgelegt, mit denen beide Seiten leben können.

Auszüge aus der AfA-Tabelle für allgemein verwendbare Anlagegüter

Lfd. Nr.	Anlagegüter	Nutzungs-dauer i. J.	Linearer AfA-Satz
1	**Unbewegliches Anlagevermögen**		
1.1	Gebäude, massiv	33	3
3	**Betriebsanlagen allgemeiner Art**		
3.7	Ladeneinbauten, Gaststätteneinbauten, Schaufensteranlagen und u. ä. Einbauten	8	13
3.8	Lichtreklame	9	11
4	**Fahrzeuge**		
4.2.1	Personenkraft- und Kombiwagen	6	17
4.2.7.1	Reiseomnibusse	9	11
6	**Betriebs- und Geschäftsausstattung**		
6.14.3.2	Workstations, Personalcomputer, Notebooks u. Ä.	3	33
6.14.3.3	Peripheriegeräte (Drucker, Scanner u. Ä.)	3	33
6.14.10	Vervielfältigungsgeräte	7	14
6.15	Büromöbel	13	8

Abschreibungsverfahren

> **§ 253 HGB Wertansätze der Vermögensgegenstände und Schulden**
> (2) Bei Vermögensgegenständen des Anlagevermögens, deren Nutzung zeitlich begrenzt ist, sind die Anschaffungs- oder Herstellungskosten um planmäßige Abschreibungen zu vermindern...
>
> **§ 7 EStG Absetzung für Abnutzung oder Substanzverringerung**
> (1) Bei Wirtschaftsgütern, deren Verwendung oder Nutzung durch den Steuerpflichtigen zur Erzielung von Einkünften sich erfahrungsgemäß auf einen Zeitraum von mehr als einem Jahr erstreckt, ist jeweils für ein Jahr der Teil der Anschaffungs- oder Herstellungskosten abzusetzen, der bei gleichmäßiger Verteilung dieser Kosten auf die Gesamtdauer der Verwendung oder Nutzung auf ein Jahr entfällt. (Absetzung für Abnutzung in gleichen Jahresbeträgen). ...
> (2) Bei beweglichen Wirtschaftsgütern des Anlagevermögens kann der Steuerpflichtige statt der Absetzung für Abnutzung in gleichen Jahresbeträgen die Absetzung für Abnutzung in fallenden Jahresbeträgen bemessen. Die Absetzung für Abnutzung in fallenden Jahresbeträgen kann nach einem unveränderlichen Hundertsatz vom jeweiligen Buchwert (Restwert) vorgenommen werden; der dabei anzuwendende Hundertsatz darf höchstens das Dreifache des bei der Absetzung für Abnutzung in gleichen Jahresbeträgen in Betracht kommenden Hundertsatzes betragen und 30 vom Hundert nicht übersteigen. ...
> (3) Der Übergang von der Absetzung für Abnutzung in fallenden Jahresbeträgen zur Absetzung für Abnutzung in gleichen Jahresbeträgen ist zulässig. In diesem Fall bemisst sich die Absetzung für Abnutzung vom Zeitpunkt des Übergangs an nach dem dann noch vorhandenen Restwert und der Restnutzungsdauer des einzelnen Wirtschaftsguts. Der Übergang von der Absetzung für Abnutzung in gleichen Jahresbeträgen zur Absetzung für Abnutzung in fallenden Jahresbeträgen ist nicht zulässig.

- **Lineare Abschreibung**

Bei der linearen Abschreibung wird der Anschaffungswert gleichmäßig auf die voraussichtliche Nutzungsdauer verteilt. Dadurch ergeben sich jährlich **gleich bleibende Abschreibungsbeträge,** die nach folgender Formel ermittel werden:

$$\text{Abschreibungsbetrag} = \frac{\text{Anschaffungskosten}}{\text{Nutzungsdauer}}$$

Die Abschreibungsbeträge können auch mithilfe des **Abschreibungssatzes** berechnet werden.

$$\text{Abschreibungssatz} = \frac{100}{\text{Nutzungsdauer}}$$

Der Abschreibungsbetrag wird dann wie folgt berechnet:

$$\text{Abschreibungsbetrag} = \frac{\text{Anschaffungskosten} \cdot \text{Abschreibungssatz}}{100}$$

Entspricht die geplante Nutzungsdauer der tatsächlichen Nutzungsdauer, ist das Anlagegut nach deren Ablauf voll abgeschrieben.

Wird es länger als geplant genutzt, bleibt ein **Erinnerungswert** von 1,00 EUR erhalten.

Degressive Abschreibung[1]

Bei diesem Verfahren wird der Abschreibungsbetrag nach einem unveränderten Prozentsatz vom jeweiligen Restbuchwert berechnet. Daraus ergeben sich jährlich **fallende Abschreibungsbeträge**. Das Wirtschaftsgut ist nach Ablauf der Nutzungsdauer noch nicht vollständig abgeschrieben. Soll ein Restwert von annähernd null erreicht werden, muss der benutzte Abschreibungssatz wesentlich höher sein als bei der linearen Abschreibung.

Gegenwärtig darf der Abschreibungssatz nach dem Steuerrecht (EStG) bei **beweglichen Anlagegütern** das **2,5-fache** des linearen AfA-Satzes, **höchstens** aber **25 %** betragen.

Übergang von degressiver zu linearer Abschreibung

Bei Anwendung der degressiven AfA wird innerhalb der zulässigen Nutzungsdauer der Erinnerungswert von 1,00 EUR nicht erreicht, da trotz eines höheren Abschreibungssatzes von einem immer geringeren Buchwert abgeschrieben wird. Daher müsste im letzten Jahr der Nutzung der Buchwert vollständig abgeschrieben werden.

Sinnvoller ist jedoch, vorher von der degressiven zur linearen AfA zu wechseln. Dieser Wechsel ist steuerrechtlich erlaubt, nicht jedoch der umgekehrte Wechsel. Betriebswirtschaftlich ist der Wechsel zu dem Zeitpunkt sinnvoll, wenn der Abschreibungsbetrag bei der degressiven AfA niedriger wird als bei einer Anwendung der linearen AfA auf Restbuchwert und Restlaufzeit.

Das Jahr des Übergangs kann nach der folgenden Formel berechnet werden:

$$\text{Übergangsjahr} = \text{Nutzungsdauer} - \frac{100}{\text{degressiver AfA-Satz}} + 1$$

Abschreibungstabelle

Für den in der Situation (Seite 89) angeschafften Schreibtisch soll eine Abschreibungstabelle über die gesamte Nutzungsdauer dargestellt werden.

Mithilfe der beiden Belege werden die Anschaffungskosten ermittelt:

Preis des Schreibtisches	2 400,00 EUR	(netto)
+ Nebenkosten	60,00 EUR	(netto)
	2 460,00 EUR	
– 3% Skonto	73,80 EUR	
Anschaffungskosten	2 386,20 EUR	

Aus der AfA-Tabelle ergibt sich eine Nutzungsdauer von 13 Jahren. Der lineare AfA-Satz beträgt 8% und der erhöhte degressive Satz 16%. Im achten Jahr wird von der linearen zur degressiven AfA gewechselt.

Ob im Anschaffungsjahr der volle Abschreibungsbetrag geltend gemacht werden kann, hängt vom Zeitpunkt der Anschaffung ab. Seit 2004 gilt die Vereinfachungsregel für die Abschreibung bei beweglichen Wirtschaftsgütern nicht mehr. Jetzt muss in den Jahren der Anschaffung und des Abgangs monatsgenau abgeschrieben werden.

---

[1] Nach dem Unternehmensteuerreformgesetz 2008 war die degressive Abschreibung für Gegenstände des Anlagevermögens, die nach dem 01.01.2008 angeschafft wurden, nicht mehr möglich. Seit dem 01. Januar 2009 ist die degressive Abschreibung befristet auf zwei Jahre wieder möglich.

		lineare Abschreibung 8 % / EUR	degressive Abschreibung 16 % / EUR	Wechsel der Abschreibungs- methode
1. Jahr	Anschaffungskosten	2 386,20	2 386,20	
	– Abschreibung	190,90	381,79	
2. Jahr	Buchwert	2 195,30	2 004,41	
	– Abschreibung	190,90	320,71	
3. Jahr	Buchwert	2 004,40	1 683,70	
	– Abschreibung	190,90	269,39	
4. Jahr	Buchwert	1 813,50	1 414,31	
	– Abschreibung	190,90	226,29	
5. Jahr	Buchwert	1 622,60	1 188,02	
	– Abschreibung	190,90	190,08	
6. Jahr	Buchwert	1 431,70	997,94	
	– Abschreibung	190,90	159,67	
7. Jahr	Buchwert	1 240,80	838,27	
	– Abschreibung	190,90	134,12	
8. Jahr	Buchwert	1 049,90	704,14	704,14
	– Abschreibung	190,90	112,66	117,36
9. Jahr	Buchwert	859,00	591,48	586,78
	– Abschreibung	190,90	94,64	117,36
10. Jahr	Buchwert	668,10	496,84	469,42
	– Abschreibung	190,90	79,50	117,36
11. Jahr	Buchwert	477,20	417,35	352,06
	– Abschreibung	190,90	66,78	117,36
12. Jahr	Buchwert	286,30	350,57	234,70
	– Abschreibung	190,90	56,09	117,36
13. Jahr	Buchwert	95,40	294,48	117,34
	– Abschreibung	94,40	293,48	116,34
	Erinnerungswert	1,00	1,00	1,00

■ *Geringwertige Wirtschaftsgüter*

Ein **geringwertiges Wirtschaftsgut** (GWG) im Sinne des § 6 Abs. 2 des Einkommensteuergesetzes ist ein Wirtschaftsgut, welches

1. zum Anlagevermögen gehört,
2. Anschaffungskosten, Herstellungskosten oder einen Einlagewert hat, der 150,00 EUR netto (ohne USt, Rabatt oder Skonto) nicht übersteigt,
3. beweglich und abnutzbar ist,
4. selbstständig nutzbar ist.

Nicht selbstständig nutzbar sind die Bestuhlung in Kinos und Theatern, die Kabel zur Vernetzung einer EDV-Anlage, Software oder die Hebebühne eines Lkw, die ohne diesen selbstständig nicht nutzbar ist. Selbstständig nutzbar sind dagegen Einrichtungsgegenstände, Bücher, Fässer, Flaschen.

Ein Drucker ist nicht selbstständig nutzbar, da er einen PC benötigt, der ihm die Daten sendet. Ein Pkw-Anhänger ist nicht selbstständig nutzbar, weil er ein Zugfahrzeug benötigt. Beide Wirtschaftsgüter sind aber selbstständig aktivierbar und werden somit linear entsprechend der AfA-Tabelle abgeschrieben.

Die Anschaffungskosten müssen in voller Höhe im Anschaffungsjahr steuermindernd als Betriebsausgabe geltend gemacht werden (§ 6 Abs. 2 EStG, gültig ab 2008).

Selbstständig nutzbare Wirtschaftsgüter, die nach dem 31. Dezember 2007 angeschafft oder hergestellt wurden und deren Anschaffungs- oder Herstellungskosten zwar 150,00 EUR, nicht aber 1 000,00 EUR übersteigen, sind je Wirtschaftsjahr in einem Sammelposten aufzunehmen, der ab dem Jahr der Anschaffung oder Herstellung gleichmäßig mit jeweils 1/5 abzuschreiben ist (neuer § 6 Abs. 2a EStG). Die betriebsübliche Nutzungsdauer spielt ebenso eine Rolle wie die

Veräußerung oder Wertminderung der einzelnen Wirtschaftsgüter. Zuschreibungen erhöhen den Wert des Pools ab dem Jahr der Zuschreibung.

Bei Überschusseinkunftsarten bleibt es bei der Abschreibung unter Berücksichtigung der üblichen Nutzungsdauer (§ 9 Abs. 1 Satz 3 Nr. 7 Satz 2 EStG).

> **Merke**
> - Der jährliche Wertverlust von abnutzbaren Anlagegütern wird als Abschreibung oder AfA (Absetzung für Abnutzung) bezeichnet.
> - Jedes Anlagegut ist für sich abzuschreiben (Grundsatz der Einzelbewertung).
> - Zur Wahl stehen folgende Abschreibungsverfahren:
>   lineare AfA   = Abschreibung vom Anschaffungswert
>   degressive AfA   = Abschreibung vom Restbuchwert
>   leistungsbezogene AfA = Abschreibung nach Leistungseinheiten
> - Der Abschreibungsbetrag darf immer nur vom Nettowert berechnet werden.
> - Selbstständig nutzbare bewegliche Wirtschaftsgüter mit einem Anschaffungswert von weniger als 150,00 EUR müssen als geringwertige Wirtschaftsgüter im Jahr der Anschaffung voll abgeschrieben werden.

10.1.3 Buchung der Abschreibung

Die Buchung der Abschreibungen ist unabhängig von der gewählten Abschreibungsmethode. Die ermittelten Abschreibungsbeträge werden auf dem Aufwandskonto „Abschreibungen" im Soll gebucht. Die Gegenbuchung erfolgt auf dem entsprechenden Aktivkonto, z. B. „BGA", „Fuhrpark", „GWG".

Der in der Situation angeschaffte Schreibtisch wird mit den Beträgen der linearen Abschreibung folgendermaßen gebucht.

1. Buchungssätze:

Text	Soll/EUR	Haben/EUR
Abschreibungen	190,90	
an BGA		190,90
GuV	190,90	
an Abschreibungen		190,90
SBK	2 195,30	
an BGA		2 195,30

2. Kontenübersicht:

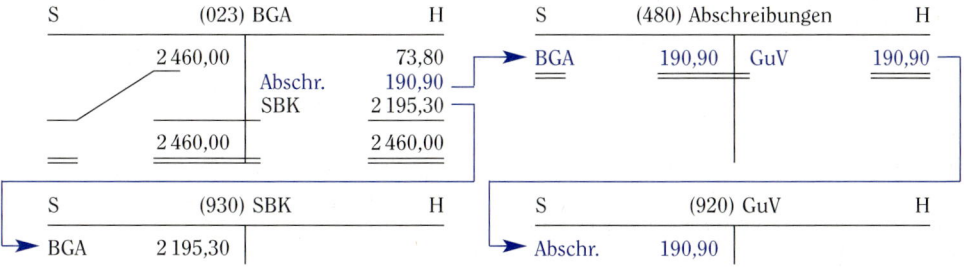

10.1.4 Auswirkungen der Abschreibung

Durch Abschreibungen wird der Werteverzehr von Anlagegütern erfasst. Sie stellen Aufwendungen dar und mindern den Gewinn. Je nach Wahl der Abschreibungsmethode kann damit in gewissem Umfang die Höhe des Gewinns völlig legal gestaltet werden.

Grundsätzlich ist ein Kaufmann an einem möglichst geringen (buchmäßigen) Gewinn interessiert, weil damit weniger gewinnabhängige Steuern fällig werden. Er wird daher in der Regel die höchstmöglichen Abschreibungsbeträge wählen. Die verminderten Steuern erhöhen die Liquidität des Unternehmens.

Es kann aber auch Situationen geben, in denen hohe Abschreibungsbeträge nicht sinnvoll sind, z.B.:

- Das Unternehmen erwirtschaftet auch ohne erhöhte Abschreibungen bereits einen Verlust.
- Bei Kapitalgesellschaften sind die Eigentümer eher an einem höheren Gewinn interessiert, weil sie dann eine höhere Gewinnausschüttung erwarten können.
- Sollte das Unternehmen einen Kredit benötigen, bieten höhere Buchwerte in den Bilanzen mehr Sicherheiten für die Kreditgeber.

Buchhalterisch wird im Allgemeinen die steuerlich geringstmögliche Nutzungsdauer gewählt. Diese ist aber völlig unabhängig von der tatsächlichen Nutzungsdauer der Anlagegüter. Ist die tatsächliche Nutzungsdauer höher als die steuerliche Nutzungsdauer, so entstehen erhebliche stille Reserven im Unternehmen. Diese könnten bei Bedarf aufgelöst werden und als außerordentliche Erträge den Gewinn erhöhen.

Merke

- Durch die Wahl der Abschreibungsmethode kann die Höhe des Gewinns beeinflusst werden.
- Ein geringerer Gewinn bedeutet geringere gewinnabhängige Steuern. Das erhöht die Liquidität eines Unternehmens.
- In bestimmten Situationen sind hohe Abschreibungen nicht sinnvoll.
- Durch überhöhte Abschreibungen entstehen stille Reserven im Unternehmen.

10.1.5 Finanzierung durch Abschreibungen

Das in allen Anlagegütern gebundene Kapital wird im Laufe der Nutzungsdauer aufgezehrt. Bei jedem Unternehmen müssen alle Kosten, auch die Abschreibungen, über die Erlöse wieder zurückfließen. Am Ende der Nutzungsdauer stehen damit die gesammelten Abschreibungen wieder für eine Reinvestition zur Verfügung. Damit das gesamte Anlagevermögen zumindest erhalten bleibt, sollten Investitionen in Höhe der Abschreibungen getätigt werden.

Sind mehrere gleichartige Anlagegüter vorhanden, so können die zurückfließenden Mittel bereits vor Ende der Nutzungsdauer der einzelnen Anlagegüter zur Finanzierung von Erweiterungsinvestitionen benutzt werden.

Beispiel

Ein Busreiseveranstalter schafft in fünf aufeinander folgenden Jahren jeweils einen Bus im Wert von 200 000,00 EUR an, der aus eigenen Mitteln finanziert wird. Die Busse werden üblicherweise fünf Jahre im Betrieb genutzt. Sie werden jeweils mit 40 000,00 EUR abgeschrieben.

Busse	Abschreibungen im Jahr					
	1	2	3	4	5	6
1	40 000,00	40 000,00	40 000,00	40 000,00	40 000,00	40 000,00
2		40 000,00	40 000,00	40 000,00	40 000,00	40 000,00
3			40 000,00	40 000,00	40 000,00	40 000,00
4				40 000,00	40 000,00	40 000,00
5					40 000,00	40 000,00
Jährliche Abschreibung	40 000,00	80 000,00	120 000,00	160 000,00	200 000,00	200 000,00
verfügbare Mittel – Reinvestitionen	40 000,00 0,00	120 000,00 0,00	240 000,00 0,00	400 000,00 0,00	400 000,00 200 000,00	400 000,00 200 000,00
Freigesetzte Mittel	40 000,00	120 000,00	240 000,00	400 000,00	200 000,00	200 000,00

Während der ersten fünf Jahre beträgt der jährliche Kapitalbedarf 200 000,00 EUR. Am Ende des fünften Jahres muss der erste Bus ersetzt werden, am Ende des sechsten Jahres der zweite usw. Ab dem Ende des fünften Jahres sind die jährlichen Abschreibungen genauso hoch wie die Reinvestitionen. Die Abschreibungsbeträge der ersten vier Jahre, die ja noch nicht investiert wurden, stehen für Neuinvestitionen zur Verfügung, die beispielsweise zur Erweiterung der Kapazität genutzt werden könnten.

Merke

- Zum Erhalt des Anlagevermögens ist eine Reinvestition in Höhe der Abschreibungen erforderlich.
- Die vor Ende der Nutzungsdauer zurückfließenden liquiden Mittel können für Erweiterungsinvestitionen genutzt werden.

Übungsaufgaben (verwenden Sie ggf. die AfA-Tabelle S. 91)

1 a) Warum wird der Kauf von Anlagegütern nicht als Aufwand gebucht?
b) Nennen Sie Ursachen für die Wertminderung von Anlagegütern.
c) In einem Reisebüro wird grundsätzlich degressiv abgeschrieben. Welche Vorteile bietet dieses Verfahren?
d) Wie wirken sich lineare und degressive Abschreibung auf den Gewinn aus?

2 Ein Reisebüro schafft am 6. Juli einen PC für 1 200,00 EUR zzgl. 19% USt an. Außerdem wird das Standardsoftwarepaket „Words-2000" zum Preis von 165,00 EUR zzgl. 19% USt gekauft. Der PC-Händler gewährt jeweils 10% Rabatt.
a) Wie hoch ist der Rechnungsbetrag?
b) Wie hoch sind die Anschaffungskosten?
c) Wie hoch sind die höchstmöglichen Abschreibungsbeträge im Anschaffungsjahr und im darauf folgenden Jahr?

3 Neuanschaffung eines Pkw am 4. Januar:
1. Rechnung des Kfz-Händlers
   – Listenpreis   20 000,00 EUR zzgl. 19% USt
   – Einbau eines Navigationssystems   1 800,00 EUR zzgl. 19% USt
   – Überführungskosten   220,00 EUR zzgl. 19% USt
2. Zulassungsgebühren   80,00 EUR
3. Zahlung der Rechnung des Kfz-Händlers unter Abzug von 3% Skonto
a) Wie hoch ist der Überweisungsbetrag?
b) Wie hoch sind die Anschaffungskosten?
c) Erstellen Sie einen Abschreibungsplan mit den jeweils höchstmöglichen Abschreibungsbeträgen.

4 Am 6. Mai wird eine neue Lichtreklame für das Reisebüro geliefert. Der Preis der Lichtreklame beträgt 1 600,00 EUR, die Frachtkosten betragen 60,00 EUR und die Montagekosten betragen 240,00 EUR, jeweils zzgl. USt. Wie hoch sind die Anschaffungskosten und welche Beträge können bei linearer und degressiver AfA im Anschaffungsjahr abgeschrieben werden?

5 Am 30. Dezember wird ein Schreibtischstuhl für 150,00 EUR zzgl. 19% USt angeschafft. Die Zahlung erfolgt sofort unter Abzug von 3% Skonto. Wie viel EUR können im Anschaffungsjahr maximal abgeschrieben werden?

6 Die Filiale eines Reisebüros wird am 6. Juni vollständig neu eingerichtet. Die Aufwendungen für Mobiliar und Einrichtung betragen 15 000,00 EUR zzgl. 19% USt. Erstellen Sie einen Abschreibungsplan mit den jeweils höchstmöglichen Abschreibungsbeträgen für die ersten fünf Jahre.

7

Anlagegut	Anschaffungskosten	Buchwert nach dem ersten Jahr	Buchwert nach dem zweiten Jahr
Reisebus	240 000,00 EUR	210 000,00 EUR	180 000,00 EUR
Fotokopiergerät	3 000,00 EUR	2 400,00 EUR	1 920,00 EUR

a) Bestimmen Sie in beiden Fällen:
 – den Abschreibungssatz
 – die Abschreibungsmethode
b) Welche Nutzungsdauer wurde beim Reisebus zugrunde gelegt?

8 Ein Busreiseveranstalter kauft am 2. Januar das Werkstatt- und Garagengebäude eines ehemaligen Fuhrunternehmens. Es wurden folgende Zahlungen geleistet (jeweils ohne USt):
 – Kaufpreis der Gebäude 600 000,00 EUR
 – Maklerprovision 5%
 – Grunderwerbsteuer 3,5%
 – Aufwendungen für den Umbau 100 000,00 EUR
 Der Anteil des Grund und Bodens beträgt 20%.
a) Berechnen Sie die Anschaffungskosten des Gebäudes.
b) Wie hoch sind die höchstmöglichen Abschreibungsbeträge in den ersten beiden Jahren?

10.2 Ausfall von Forderungen

Im Reisegewerbe ist es üblich, dass Leistungen sofort beglichen werden. Im Allgemeinen werden die Reiseunterlagen dem Kunden erst dann ausgehändigt, wenn der Reisepreis bezahlt wurde. Bei eigenen Leistungen, z.B. bei Busfahrten für Vereine, kann es vorkommen, dass ein kurzes Zahlungsziel gewährt wird, damit die Leistungsempfänger die Rechnungsbeträge überweisen können.

Eine Ausnahme bilden Leistungen für Firmenkunden. Insbesondere Kunden, die regelmäßig Fahrkarten, Flugtickets o.Ä. über dasselbe Reisebüro beziehen, erwarten ein längeres Zahlungsziel oder z.B. eine Monatsrechnung, in der alle Leistungen des vergangenen Monats zusammengefasst werden.

Weil Forderungen einem Ausfallrisiko unterliegen, sind sie ständig auf ihre Sicherheit zu überprüfen. Dies geschieht im Rahmen des Jahresabschlusses, aber auch im laufenden Geschäftsjahr.

Nach ihrer Sicherheit lassen sich Forderungen in drei Gruppen einteilen:

- **einwandfreie Forderungen.** Von einwandfreien Forderungen spricht man, wenn davon ausgegangen werden kann, dass die Rechnungsbeträge einschl. Umsatzsteuer beglichen werden.
- **zweifelhafte Forderungen.** Eine Forderung gilt als zweifelhaft, wenn der Eingang der Zahlung ungewiss ist. Es droht der völlige oder teilweise Ausfall der Forderung, weil der Kunde z.B. die Eröffnung eines Insolvenzverfahrens beantragt hat.
  Die zweifelhaften Forderungen sind buchhalterisch von den einwandfreien Forderungen zu trennen. Sie werden auf dem Konto „zweifelhafte Forderungen" erfasst. Sie sind mit ihrem wahrscheinlichen Wert im Jahresabschluss auszuweisen. Bei Eröffnung des Insolvenzverfahrens ist die Umsatzsteuer zu berichtigen.
- **uneinbringliche Forderungen.** Uneinbringlich ist eine Forderung, wenn keine Zahlungen mehr zu erwarten sind. Dies ist z.B. dann der Fall, wenn das Insolvenzverfahren eingeleitet wurde, eine fruchtlose Pfändung erfolgt ist, der Kunde eine eidesstattliche Versicherung abgegeben hat oder eine Verjährungseinrede erfolgte. In diesem Fall ist die Forderung voll abzuschreiben und, sofern es sich um umsatzsteuerpflichtige Leistungen handelte, die Umsatzsteuer zu berichtigen.

Für **jede** zweifelhafte Forderung ist die vermutliche Höhe des Forderungsausfalls zu ermitteln und abzuschreiben. Dieses **spezielle Kreditrisiko** kann indirekt in Form einer **Einzelwertberichtigung** berücksichtigt werden.

Im Allgemeinen muss auch bei einwandfreien Forderungen mit Ausfällen gerechnet werden. Daher kann man für dieses **allgemeine Kreditrisiko** eine **Pauschalwertberichtigung** bilden.

Reisebüros verlangen von den Privatkunden üblicherweise sofortige Zahlung und gewähren nur ihren relativ wenigen Firmenkunden Kredit. Sie haben daher in der Regel einen guten Überblick über die Bonität ihrer Kunden und können sich darum häufig auf die Anwendung von Einzelwertberichtigungen beschränken.

10.2.1 Ausfall einer Veranstaltungsforderung

Situation Das Reisebüro A. Globus, Norden, hat gegenüber der ABC-Gerätebau GmbH in Emden Forderungen in Höhe von 952,00 EUR (einschl. 19% USt). Diese Forderung entstand durch die Veranstaltung einer Busfahrt als Betriebsausflug. Der Kunde beantragt am 10. Juli beim Amtsgericht die Eröffnung eines Insolvenzverfahrens, dessen Eröffnung am 20. August mangels Masse abgelehnt wird.

Weil in diesem Fall kein Geldeingang mehr zu erwarten ist, ist die Forderung in voller Höhe abzuschreiben. Das bedeutet, dass das Reisebüro für seine Leistung kein Entgelt erhalten hat. Damit ist aber die Grundlage für die Umsatzsteuer entfallen, die entsprechend berichtigt werden muss.

Die Umsatzsteuer ist für den Betrieb ein durchlaufender Posten, sie wird nicht abgeschrieben, sondern durch eine Buchung auf der Sollseite des Kontos Umsatzsteuer korrigiert.

Die Abschreibung darf immer nur von dem Nettowert der Forderung berechnet werden. Sie wird auf dem Aufwandskonto „Forderungsverluste" gebucht und mindert den Gewinn des Unternehmens.

1. Buchungssätze:

Text	Soll/EUR	Haben/EUR
a) **bei Insolvenzeröffnung**		
Forderungsverluste	800,00	
Umsatzsteuer	152,00	
an Forderungen		952,00
b) **Abschluss der Konten**		
GuV	800,00	
an Forderungsverluste		800,00

2. Kontenübersicht:

S	(140) Forderungen	H		S	(172) Umsatzsteuer	H
AB	10 000,00	zw. Ford., USt 952,00		Ford.	152,00	

S	(497) Forderungsverluste	H		S	(920) GuV	H
Ford.	800,00	GuV 800,00 →		Ford.verl.	800,00	

10.2.2 Ausfall einer Vermittlungsforderung

Situation Das Reisebüro A. Globus verkaufte an die ABC-Gerätebau GmbH zwei Flugtickets von Bremen nach München für 920,00 EUR. Diese Forderung wurde beim Antrag auf Eröffnung des Insolvenzverfahrens auf das Konto „zweifelhafte Forderungen" gebucht. Weil die Eröffnung des Insolvenzverfahrens mangels Masse abgelehnt wird, ist die gesamte Forderung abzuschreiben.

In diesem Fall ist die Forderung, die aus einem Vermittlungsgeschäft entstanden ist, umsatzsteuerrechtlich ein durchlaufender Posten. Die Umsatzsteuer richtet sich nicht nach dem Preis, den der Veranstalter kalkuliert hat, sondern nach der Höhe der Provision, die das Reisebüro erhält. Die Gutschrift der Provision hängt aber nicht vom Eingang der Forderung beim Reisebüro ab, sie wird in jedem Fall bezahlt. Fällt die Forderung aus, darf die Umsatzsteuer **nicht** berichtigt werden.

1. Buchungssätze:

Text	Soll/EUR	Haben/EUR
a) **bei Ausfall der Forderung**		
Forderungsverluste	920,00	
an zweifelhafte Forderungen		920,00
b) **Abschluss der Konten**		
GuV	920,00	
an Forderungsverluste		920,00

2. Kontenübersicht:

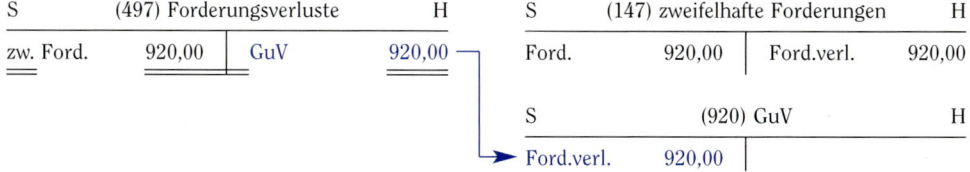

10.2.3 Zahlungseingang für eine abgeschriebene Forderung

Situation Beim Reisebüro A. Globus gehen wider Erwarten 50% einer als uneinbringlich abgeschriebenen Forderung auf dem Bankkonto ein. Die ursprüngliche Höhe der Forderung an die ABC-Gerätebau GmbH betrug 952,00 EUR und beruhte auf einer umsatzsteuerpflichtigen Leistung (Veranstaltung einer Tagesfahrt).

In diesem Falle lebt die Umsatzsteuerschuld wieder auf. Der Nettobetrag des Zahlungseinganges wird auf dem Konto „Erträge aus abgeschriebenen Forderungen" gebucht und wirkt sich positiv auf den Erfolg aus. Der Umsatzsteueranteil ist auf dem Konto „Umsatzsteuer" zu buchen.

1. Buchungssätze:

Text	Soll/EUR	Haben/EUR

a) **bei Zahlung**
Bank
    an Erträge aus abgeschriebenen Forderungen
    an USt
	476,00	400,00
		76,00

b) **beim Abschluss der Konten** Erträge aus abgeschriebenen Forderungen an GuV	400,00	400,00

2. Kontenübersicht:

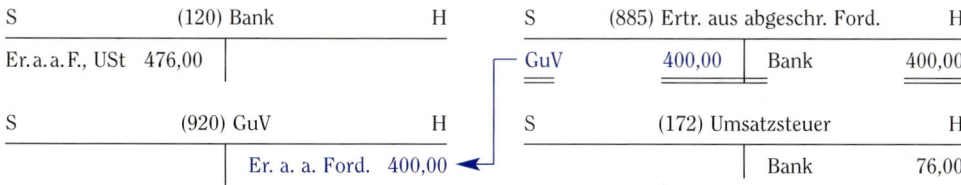

> **Merke**
> - Werden Forderungen zweifelhaft, müssen sie auf besondere Konten übertragen werden.
> - Uneinbringliche Forderungen sind direkt abzuschreiben. Die eventuell im Forderungsbetrag enthaltene Umsatzsteuer ist zu berichtigen.
> - Beim Eingang von Zahlungen für ausgebuchte Forderungen lebt eine Umsatzsteuerschuld wieder auf.
> - Der geschätzte Forderungsausfall einer zweifelhaften Forderung ist durch Bildung einer Einzelwertberichtigung abzuschreiben. Die möglicherweise enthaltene Umsatzsteuer darf erst berichtigt werden, wenn der tatsächliche Forderungsausfall feststeht.

Übungsaufgaben

1 Das Reisebüro „Exklusiv", Mannheim, hat für die Firma Schmidt mehrere Busfahrten mit eigenen Bussen durchgeführt. Die Gesamtforderungen belaufen sich auf 2 856,00 EUR (2 400,00 EUR + 456,00 EUR USt). Schmidt beantragte am 1. Juni ein Insolvenzverfahren. Am 10. September teilt der Insolvenzverwalter mit, dass voraussichtlich 55% der Forderungen bezahlt werden können.

Am 15. Dezember werden überwiesen:
Fall a) 1 570,80 EUR   Fall b) 1 190,00 EUR

1. Um wie viel EUR wird der Gewinn in beiden Fällen gemindert?
2. Wann darf die USt berichtigt werden?
3. Wie hoch ist die USt-Berichtigung in beiden Fällen?

2 Ein Firmenkunde hat dem Reisebüro „Exklusiv" ein Flugticket Frankfurt–Wien im Wert von 800,00 EUR noch nicht bezahlt. Der Kunde beantragte ein Insolvenzverfahren, das mangels Masse abgelehnt wurde.
a) Die Forderung ist uneinbringlich.
b) Nach einem halben Jahr geht unerwartet eine Teilzahlung über 200,00 EUR von diesem Kunden auf dem Bankkonto ein.
Um welchen Betrag muss die USt korrigiert werden?

3 Das Reisebüro Krause & Sohn führte für die XY-GmbH einen Betriebsausflug mit eigenem Bus in den Schwarzwald mit Übernachtung im Waldhotel durch. Der Kunde erhielt eine Rechnung über 3 570,00 EUR. Am 22. Mai wird bekannt, dass die XY-GmbH ein Insolvenzverfahren beantragt hat. Am 17. Juli werden überwiesen
Fall a) 1 428,00 EUR   Fall b) 2 380,00 EUR

1. Um wie viel EUR wird der Gewinn in beiden Fällen gemindert?
2. Wann darf die USt berichtigt werden?
3. Wie hoch ist die USt-Berichtigung in beiden Fällen?

11 Jahresabschlussarbeiten

11.1 Zeitliche Abgrenzungen

Situation Beim Reisebüro A. Globus sind bei den Jahresabschlussarbeiten die beiden folgenden Belege zu beurteilen:

Beleg-Nr. 1 — Überweisungsauftrag an Dresdner Bank Aktiengesellschaft
- Begünstigter: Finanzkasse Fa. Aurich
- Bankleitzahl: 28380060
- Konto-Nr. des Begünstigten: 13131313
- Kreditinstitut des Begünstigten: Kreissparkasse Aurich
- Betrag: EUR 600,00
- Kunden-Referenznummer/Verwendungszweck: Kfz-Steuer AUR - XY 123
- noch Verwendungszweck: 1. September .. bis 31. August ..
- Kontoinhaber: Reisebüro Albert Globus Norden
- Konto-Nr. des Kontoinhabers: 32323232
- Datum: 18. August .. Unterschrift: A. Globus

Beleg-Nr. 2 — Quittung
- Netto EUR: 180,00
- + % MwSt./EUR:
- Nr. 1
- Gesamt EUR:
- EUR in Worten: Einhundertachtzig----------------
- von: Reisebüro Globus
- für: Norden
- Garagenmiete 1. Okt. bis 31. Dez. .. dankend erhalten.
- Ort/Datum: Norden, 4. Januar ..
- Stempel/Unterschrift des Empfängers: E. Müller

> **§ 252 HGB Allgemeine Bewertungsgrundsätze**
>
> (1) Bei der Bewertung der im Jahresabschluss ausgewiesenen Vermögensgegenstände und Schulden gilt insbesondere Folgendes:
> ...
> 5. Aufwendungen und Erträge des Geschäftsjahrs sind unabhängig von den Zeitpunkten der entsprechenden Zahlungen im Jahresabschluss zu berücksichtigen.

Der Gewinn oder Verlust eines Jahres muss periodengerecht erfolgen, d.h. die Aufwendungen und Erträge müssen dem Jahr zugeordnet werden, zu dem sie wirtschaftlich gehören. Der überwiegende Teil der Zahlungen betrifft das laufende Geschäftsjahr, aber einige Zahlungen werden in anderen Geschäftsjahres erfolgswirksam.

Dazu gehören die beiden Belege in der Situation. Beleg 1 ist ein Aufwand, der das laufende und das kommende Geschäftsjahr betrifft, Beleg 2 ist ein Aufwand für das vergangene Geschäftsjahr. Im Rahmen der Jahresabschlussarbeiten müssen diese beiden Vorgänge **zeitlich abgegrenzt** werden, damit ein periodengerechter Erfolg ermittelt wird. Diese Abgrenzungen erfolgen durch eine Korrekturbuchung auf dem Erfolgskonto und eine Gegenbuchung auf einem Bestandskonto.

Es gibt vier mögliche zeitliche Abgrenzungen:

Art der Abgrenzung	Zahlungsvorgang	wirtschaftliche Zugehörigkeit
Aktive Rechnungsabgrenzungen	Ausgabe im alten Jahr	Aufwand im neuen Jahr
Passive Rechnungsabgrenzungen	Einnahme im alten Jahr	Ertrag im neuen Jahr
Sonstige Verbindlichkeiten	Ausgabe im neuen Jahr	Aufwand im alten Jahr
Sonstige Forderungen	Einnahme im neuen Jahr	Ertrag im alten Jahr

■ *Aktive Rechnungsabgrenzungen*

Bei den aktiven Rechnungsabgrenzungen handelt es sich um Ausgaben, die im alten Jahr getätigt werden, die aber wirtschaftlich dem neuen Jahr zuzurechnen sind.

Die durch Beleg 1 veranlasste Zahlung betrifft zwei Geschäftsjahre. Würde sie nur dem laufenden Geschäftsjahr zugerechnet, wäre der Gewinn für dieses Jahr zu niedrig. Die Aufteilung erfolgt zeitanteilig. Ein Drittel (= vier Monate) gehört ins laufende Geschäftsjahr, zwei Drittel (= acht Monate) gehören in das kommende Geschäftsjahr. Daher muss der Gewinn dieses Jahres um 400,00 EUR erhöht werden.

■ *Passive Rechnungsabgrenzungen*

Bei den passiven Rechnungsabgrenzungen handelt es sich um Einnahmen des laufenden Geschäftsjahres, die aber erst im kommenden Geschäftsjahr zu einem Ertrag führen dürfen. Damit wäre der Gewinn dieses Jahres zu hoch, er ist um den entsprechenden Betrag zu kürzen.

■ *Sonstige Verbindlichkeiten*

Sonstige Verbindlichkeiten sind Ausgaben für Aufwendungen eines vergangenen Geschäftsjahres, die nachträglich gezahlt werden.

Im Beleg 2 wird die Garagenmiete für das IV. Quartal des Vorjahres erst im neuen Jahr gezahlt. Der Gewinn des Vorjahres wäre ohne Berücksichtigung dieser Zahlung zu hoch. In diesem Fall wirkt sich der gesamte Betrag gewinnmindernd aus.

■ Sonstige Forderungen

Sonstige Forderungen sind Einnahmen für Erträge, die wirtschaftlich durch ein vergangenes Geschäftsjahr begründet sind. Ohne ihre Berücksichtigung wäre der Gewinn des Vorjahres zu niedrig, er muss also um den entsprechenden Betrag erhöht werden.

> **Merke**
> - Damit ein periodengerechter Erfolg ermittelt werden kann, müssen Aufwendungen und Erträge, die mehrere Geschäftsjahre betreffen, abgegrenzt werden.
> - Eine in den Zahlungen enthaltene Umsatzsteuer wird nicht abgegrenzt, weil sie weder Aufwand noch Ertrag ist, sondern ein durchlaufender Posten.

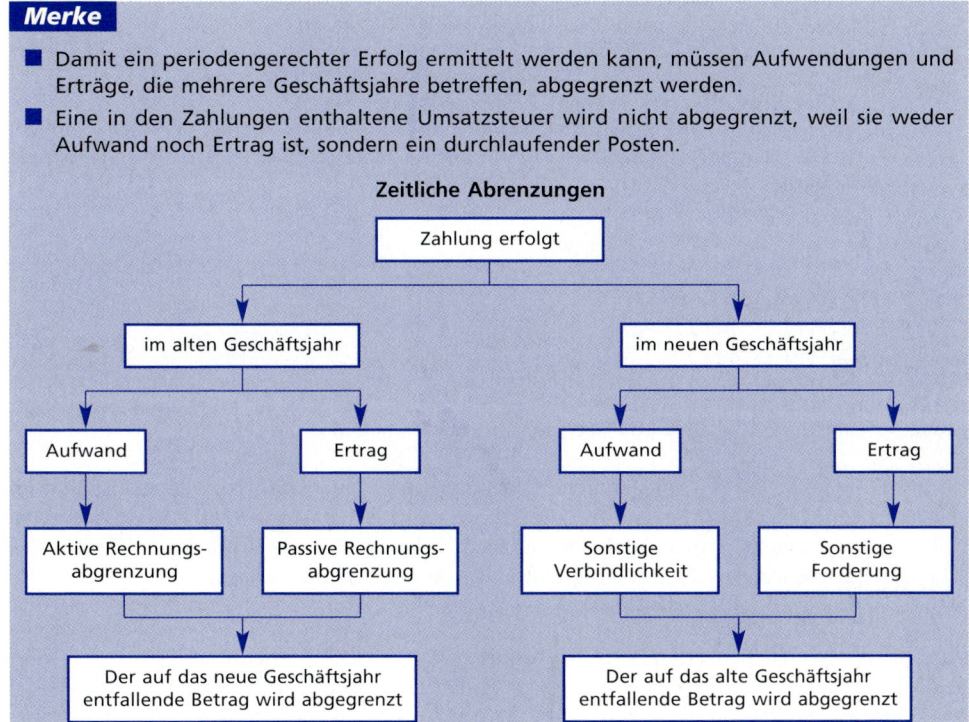

Übungsaufgaben

1 Ein Reisebüro ermittelt am Jahresende 08 einen vorläufigen Gewinn von 60 000,00 EUR. Wie hoch ist der endgültige Gewinn unter Berücksichtigung der folgenden Geschäftsfälle?
 1. Der IHK-Beitrag für Dezember 08 in Höhe von 90,00 EUR wird am 10. Januar 09 überwiesen.
 2. Am 1. Dezember 08 wurde von uns die Miete für einen Lagerraum für die Monate Dezember–Februar in Höhe von 480,00 EUR überwiesen.
 3. Die Bezugskosten einer Fachzeitschrift in Höhe von 25,68 (inkl. 7 % USt) EUR für den Zeitraum November–April wurden am 4. November 08 bezahlt.
 4. Ein Mieter zahlte die Miete für eine gemietete Garage am 1. August 08 in Höhe von 90,00 EUR für den Zeitraum August–Januar im Voraus.
 5. Die Zinsen für ein Darlehen in Höhe von 2 400,00 EUR werden von uns nachträglich für den Zeitraum August–Januar am 31. Januar 09 bezahlt.

2 Wie wirken sich die folgenden Geschäftsfälle auf den Gewinn des Jahres 08 aus?
1. Am 26. Dezember 08 wird die Prämie für die Betriebshaftpflichtversicherung in Höhe von 450,00 EUR für das Jahr 09 überwiesen.
2. Die Bank schreibt die Zinsen für das IV. Quartal 08 in Höhe von 120,00 EUR am 5. Januar 09 gut.
3. Eine Wandfläche am Betriebsgebäude wurde an ein Werbeunternehmen vermietet. Für den Zeitraum November 08–Januar 09 zahlte das Unternehmen 357,00 EUR (300,00 EUR + 57,00 EUR USt) am 28. Februar 09.
4. Der DRV-Beitrag in Höhe von 90,00 EUR für das I. Quartal 09 wurde am 27. Dezember 08 überwiesen.
5. Die Prämie für die Feuerversicherung (420,00 EUR) für das Betriebsgebäude wurde am 1. August 08 für ein Jahr (August–Juli) im Voraus überwiesen.
6. Am Jahresende steht die Rechnung für eine Lieferung von Büromaterial, die am 29. Dezember 08 erfolgte, noch aus. Die Rechnung über 142,80 EUR (einschl. 19 % USt) trifft am 5. Januar 09 ein und wird am 21. Januar 09 überwiesen.
7. Ein anderes Reisebüro verkaufte im Dezember 08 mehrere Plätze einer von uns veranstalteten Reise. Die fällige Provision in Höhe von 220,00 EUR zzgl. 19 % USt wird am 12. Januar 09 gezahlt.

11.2 Rückstellungen

Situation Wegen eines unerwartet hohen Gewinns des abgelaufenen Jahres wird die Gewerbesteuer deutlich höher ausfallen als die bisherigen Vorauszahlungen. Das Reisebüro A. Globus erwartet, dass 1 400,00 EUR nachgezahlt werden müssen.

Rückstellungen dienen der vollständigen Erfassung zukünftiger Ausgaben, deren Ursache im abgelaufenen Geschäftsjahr liegen. Im Unterschied zu den sonstigen Verbindlichkeiten sind die Höhe und/oder der Zeitpunkt der Fälligkeit nicht bekannt. Für die Ermittlung des dem Geschäftsjahr zugehörenden Rückstellungsaufwandes dienen Erfahrungssätze.

Gründe für die Bildung einer Rückstellung sind u.a.:
- ungewisse Verbindlichkeiten (z. B. Prozesskosten, Gewerbesteuernachzahlungen),
- drohende Verluste aus noch nicht erfüllten Verträgen (z. B. Währungsrisiken),
- Gewährleistungen, die ohne rechtliche Verpflichtung erbracht werden (z. B. Kulanzleistungen),
- im Geschäftsjahr unterlassene Aufwendungen für Instandhaltung, die im folgenden Geschäftsjahr nach Ablauf von drei Monaten nachgeholt werden.

Bei umsatzsteuerlichen Aufwendungen werden nur die Nettobeträge zurückgestellt. Die Umsatzsteuer (Vorsteuer) ist erst bei Zahlung zu buchen.

Durch die Bildung einer Rückstellung wird der Gewinn des abgelaufenen Jahres vermindert.

Da die Höhe des Rückstellungsbetrages auf Schätzungen beruht, ergeben sich nicht selten Unterschiede zwischen dem Schätzbetrag und dem tatsächlich zu zahlenden Betrag. Die Differenz zwischen diesen beiden Beträgen wirkt sich auf den Gewinn des Zahlungsjahres aus.

In der Situation wurde durch die Gewerbesteuerrückstellung der Gewinn des abgelaufenen Jahres um 1 400,00 EUR verringert. Ist die tatsächliche Gewerbesteuernachzahlung im neuen Geschäftsjahr höher, z.B. 1 500,00 EUR, so ist der Gewinn des neuen Geschäftsjahres um 100,00 EUR zu verringern; ist sie niedriger, z.B. 1 200,00 EUR, ist der Gewinn um 200,00 EUR zu erhöhen.

Aufstellung und Auswertung des Jahresabschlusses

> **Merke**
> - Rückstellungen werden für Aufwendungen gebildet, deren genaue Höhe und/oder deren Fälligkeit am Jahresende noch nicht bekannt ist.
> - Rückstellungen werden bei Zahlung aufgelöst. Übersteigt der endgültige Betrag die Rückstellung, entstehen periodenfremde Aufwendungen, ist er geringer, entstehen periodenfremde Erträge.

Übungsaufgaben

1 Wie wirken sich die folgenden Fälle auf die Gewinne des abgelaufenen und des folgenden Geschäftsjahres aus?
1. Ein Reisebüro rechnet am Jahresende wegen gestiegener Strompreise mit einer Nachzahlung von ungefähr 400,00 EUR an die Stadtwerke. Die tatsächliche Forderung in Höhe von 450,00 EUR (zzgl. 19 % USt) wird am 15. März überwiesen.
2. Für das letzte Jahr wird ein Abschlusszahlung über 600,00 EUR an die Berufsgenossenschaft für die betriebliche Unfallversicherung erwartet. Die Jahresabschlussrechnung beläuft sich auf 480,00 EUR. Dieser Betrag wird am 1. Februar überwiesen.
3. Man erwartet, einen schwebenden Prozess zu verlieren. In diesem Fall hat man die Prozesskosten in Höhe von ca. 2 100,00 EUR zu zahlen. Bei der Urteilsverkündung am 1. April wird die Klage überraschenderweise abgewiesen. Damit ist die Rückstellung für die Kosten aufzulösen.
4. Am 31. Dezember werden für die Jahresabschlussarbeiten des Steuerberaters 2 000,00 EUR zurückgestellt, die Ende Januar durchgeführt werden sollen. Am 2. März trifft die Rechnung des Steuerberaters über 2 400,00 EUR (zzgl. 19 % USt) ein, die mit einem Bankscheck beglichen wird.

11.3 Aufstellung und Auswertung des Jahresabschlusses

Situation Beim Reisebüro A. Globus sollen für den Jahresabschluss die Bilanz und die GuV-Rechnung aufgestellt und ausgewertet werden. Es ergeben sich die folgenden Werte:

Aktiva		Bilanz zum 31. Dezember		Passiva
1	Anlagevermögen		1 Eigenkapital	430 000,00
1.1	Gebäude	360 000,00		
1.2	Fuhrpark	210 000,00	2 Fremdkapital	
1.3	BGA	35 000,00	2.1 langfristige Schulden	
			2.1.1. Hypothekenschulden	150 000,00
2	Umlaufvermögen		2.1.2 Darlehnsschulden	70 000,00
2.1	Treibstoffe	10 000,00		
2.2	Forderungen	19 000,00	2.2 kurzfristige Schulden	
2.3	Bankguthaben	24 000,00	2.2.1 Verbindlichkeiten	15 000,00
2.4	Postbank	6 000,00	2.2.2 Rückstellungen	2 000,00
2.5	Kasse	8 000,00	2.2.3 Bankschulden	3 000,00
2.6	Akt. RAP	3 000,00	2.2.4 Umsatzsteuer	5 000,00
		675 000,00		675 000,00

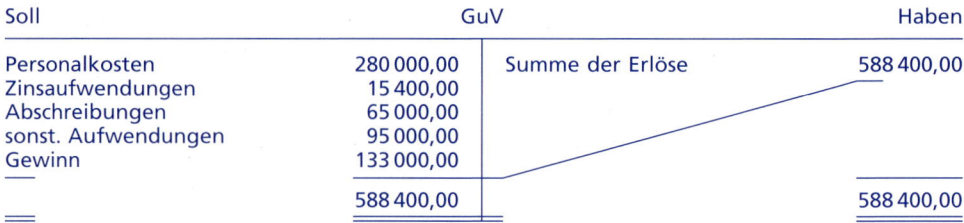

11.3.1 Bewertungen in der Bilanz

■ **Notwendigkeit der Bewertung**

Am Ende eines jeden Geschäftsjahres muss jedes Unternehmen eine Bilanz aufstellen. Problematisch ist dabei, mit welchen Werten die einzelnen Vermögensteile und Verbindlichkeiten in die Bilanz eingehen.

Die Bilanz soll einen **genauen** Überblick über die Vermögens- und Schuldenteile des Unternehmens geben. Würde man alle Werte der Buchführung aus dem **Schlussbilanzkonto** unverändert in die **Schlussbilanz** übernehmen, käme man vermutlich zu einer falschen Darstellung, weil z.B.

- die Abschreibungen nicht der tatsächlichen Wertminderung entsprechen oder
- Forderungen nicht in voller Höhe eingehen werden.

Sind die Vermögenswerte einer Bilanz **zu hoch** angesetzt, werden Gläubiger und Kreditinstitute möglicherweise getäuscht, weil Sicherheiten dargestellt werden, die nicht vorhanden sind. Erfolgt bspw. nach einem schweren Unfallschaden bei einem Reisebus keine Sonderabschreibung, übersteigt der Buchwert den realistischen Wert dieses Busses.

Werden die Vermögenswerte **zu niedrig** angesetzt, verringern sich dadurch u.a. die Steuerzahlungen des Betriebes. So führen zu hohe Abschreibungen zu einer Verminderung des Gewinns und damit zu einer Reduzierung der Steuern.

Eine zu niedrige Bewertung der Schulden täuscht die Gläubiger und eine zu hohe Bewertung verringert die Steuerzahlung des Unternehmens.

■ **Handels- und steuerrechtliche Zielsetzungen**

Damit die Unternehmen bei der Bewertung nicht willkürlich verfahren, wurden genaue gesetzliche Bewertungsvorschriften erlassen. Dabei unterscheidet man zwischen handelsrechtlichen und steuerrechtlichen Vorschriften.

Grundsätzlich ist die Handelsbilanz für die Steuerbilanz maßgebend, d. h., die Bewertungsgrundsätze der Handelsbilanz sind auch in der Steuerbilanz anzuwenden, sofern dem nicht zwingend steuerliche Vorschriften entgegenstehen.

■ Bewertungsgrundsätze

Nach § 252 HGB sind sechs allgemeine Bewertungsgrundsätze zu beachten:

1. **Grundsatz der Bilanzidentität.** Die Eröffnungsbilanz des neuen Jahres muss mit der Schlussbilanz des vergangenen Jahres übereinstimmen.
2. **Grundsatz der Unternehmensfortführung.** Man unterstellt bei der Bewertung, dass das Unternehmen weiter besteht. Anlagegüter sind häufig auf die Bedürfnisse eines Unternehmens zugeschnitten. Bei einem Verkauf dieser Güter würde wahrscheinlich nicht deren voller Wert erzielt werden. Diese niedrigeren Verkaufswerte dürfen jedoch nicht angesetzt werden, da man von einer Weiterführung des Unternehmens ausgeht.
3. **Grundsatz der Einzelbewertung.** Jeder Vermögensgegenstand und jeder Schuldentitel muss für sich bewertet werden. Damit soll verhindert werden, dass Wertveränderungen verschiedener Bilanzpositionen gegeneinander aufgerechnet werden.
4. **Grundsatz der Vorsicht. Gewinne** dürfen erst dann ausgewiesen werden, wenn sie **realisiert** werden. So darf ein Grundstück, dessen Verkehrswert in den letzten Jahren stark gestiegen ist, nur mit dem ursprünglichen Wert, nicht mit dem jetzigen Wert in der Bilanz angesetzt werden.
   Zu erwartende **Verluste und Risiken** sind dagegen durch Abschreibungen, Rückstellungen o.Ä. **vorwegzunehmen**. So muss für eine zu erwartende hohe Gewerbesteuernachzahlung eine Rückstellung gebildet werden.
5. **Grundsatz der Periodenabgrenzung.** Aufwendungen und Erträge sind der Periode (dem Geschäftsjahr) zuzurechnen, in dem sie **verursacht** worden sind. Liegt der Zeitpunkt der Zahlung nicht in dieser Periode, müssen zeitliche Abgrenzungen gebildet werden.
6. **Grundsatz der Stetigkeit.** Einmal gewählte Bewertungsgrundsätze müssen beibehalten werden. Hat man sich z.B. dafür entschieden, einen Pkw in vier Jahren abzuschreiben, kann man nicht nach zwei Jahren von einer sechsjährigen Nutzungsdauer ausgehen.

■ Bewertungsansätze und Bewertungsprinzipien

Bei der Bewertung des Vermögens und der Schulden unterscheidet man u.a. folgende Wertansätze:

1. **Anschaffungskosten.** Als Anschaffungskosten gelten alle Aufwendungen, die notwendig sind, einen Vermögensgegenstand zu erwerben und ihn in einen betriebsbereiten Zustand zu versetzen. So gehören z.B. bei der Anschaffung eines neuen Reisebusses neben dem Listenpreis die Überführungs- und Zulassungskosten und die Kosten für zusätzliche Ausstattungen zum Anschaffungspreis. Nicht zum Anschaffungspreis gehören die Kosten für die erste Tankfüllung oder die Kfz-Steuer für das erste Jahr.
2. **Herstellungskosten.** Stellt ein Betrieb einen Vermögensgegenstand **selbst** her, so sind alle Aufwendungen, die entstehen, den Herstellungskosten zuzurechnen.
3. **Tageswert.** Dieser Wert ergibt sich aus dem **Markt- oder Börsenpreis** oder den **Wiederbeschaffungskosten** des Vermögensgegenstandes zum Bilanzstichtag.

Stehen mehrere dieser Werte am Bilanzstichtag zur Auswahl, hat man sich nach dem Prinzip der **Vorsicht** zu verhalten. Dieses Prinzip besagt im Einzelnen:

- **Anschaffungswertprinzip.** Bei gestiegenen Wiederbeschaffungskosten sind höchstens Anschaffungs- bzw. Herstellungskosten anzusetzen.
- **Niederstwertprinzip bei Vermögensgegenständen.** Ist ein niedrigerer Wert als der Anschaffungswert vorhanden, ist dieser anzusetzen.
- **Höchstwertprinzip bei Schulden.** Ist ein höherer Wert als der Anschaffungswert vorhanden, ist dieser anzusetzen.

> **Beispiel** Bei einem amerikanischen Reiseveranstalter wurden Reisevorleistungen zu einem Kurs von 1,27 EUR eingekauft und gebucht. Am Bilanzstichtag ist die Zahlung noch nicht erfolgt. Der Kurs beträgt jetzt 1,22 EUR. Würden die Verbindlichkeiten zu einem Kurs von 1,27 EUR ausgewiesen, wäre das eine unzulässige Minderung der Schulden.

Der Grundsatz der Vorsicht lässt sich auch durch den Begriff **Imparitätsprinzip** (Ungleichheitsprinzip) darstellen. Es besagt:

- Nicht realisierte Verluste **müssen** ausgewiesen werden.
- Nicht realisierte Gewinne **dürfen nicht** ausgewiesen werden.

Übungsaufgaben

1 Welche Erwartungen haben Gläubiger und Finanzämter an eine Bilanz?

2 Warum werden nicht realisierte Gewinne und nicht realisierte Verluste unterschiedlich behandelt?

3 Hansa-Reisen in Rostock kauft ein Grundstück für 300 000,00 EUR. Die Grunderwerbsteuer beträgt 3,5 %. Der Makler berechnet 7 200,00 EUR zzgl. 19 % USt. Die Notariatsgebühren betragen 3 100,00 EUR zzgl. 19 % USt. Für die Eintragung ins Grundbuch sind 630,00 EUR Gebühren fällig. Die Erschließungskosten betragen 11 200,00 EUR zzgl. 19 % USt. Für die Finanzierung wurde eine Hypothek über 120 000,00 EUR zu 8 % p. a. Zinsen aufgenommen. Die Zinsen sind monatlich im Voraus zu zahlen.
1. Wie hoch sind die Anschaffungskosten?
2. Welche Kosten gehören nicht zu den Anschaffungskosten?
3. Mit welchem Wert darf das Grundstück in der Bilanz ausgewiesen werden?

4 Nach drei Jahren hat das Grundstück der Aufgabe 3 einen Verkehrswert von 380 000,00 EUR.
a) Mit welchem Wert darf das Grundstück jetzt ausgewiesen werden?
b) Begründen Sie Ihre Entscheidung!

5 Nach weiteren zehn Jahren hat sich der Verkehrtswert des Grundstücks der Aufgabe 3 durch eine verschlechterte Infrastruktur deutlich vermindert. Er beträgt jetzt nur noch 250 000,00 EUR.
a) Mit welchem Wert darf das Grundstück jetzt ausgewiesen werden?
b) Begründen Sie Ihre Entscheidung!
c) Wie wirkt sich diese Wertänderung auf das Jahresergebnis aus?

6 Sonnen-Reisen, Augsburg, kauft einen neuen Reisebus für netto 410 000,00 EUR. Der Händler gewährt 10 % Rabatt und 2 % Skonto bei vorzeitiger Zahlung. Die Überführungskosten betragen 600,00 EUR netto. Die Zulassungskosten bei der Zulassungsstelle betragen 120,00 EUR und die neuen Nummernschilder 45,00 EUR netto. Die Kfz-Steuer beträgt 960,00 EUR und die Versicherungsprämie 1 800,00 EUR.
Wie hoch sind die Anschaffungskosten des Reisebusses?

11.3.2 Auswertung des Jahresabschlusses

Das Rechnungswesen hat unter anderem die Aufgabe, dem Unternehmen Zahlen für die Beurteilung der wirtschaftlichen Situation und der zukünftigen Entwicklung zu liefern. Die Bilanz gibt einen Überblick über den Stand der Schulden und des Vermögens an einem bestimmten Stichtag, die GuV zeigt u.a. den Erfolg des letzten Jahres.

Die absoluten Zahlen der Buchführung sind für die Analyse eines Unternehmens nicht aussagekräftig genug. Man bildet daher Bilanz- und Rentabilitätskennziffern, die eine bessere Beurteilung der Vermögens- und Finanzlage und der Ertragskraft ermöglichen.

Aber auch deren Aussagekraft muss relativiert werden. Die Interpretation einer Bilanz- oder Rentabilitätskennziffer sollte im Zusammenhang mit Vergleichswerten erfolgen. Vergleichswerte können die Ziffern der vergangenen Jahre oder die Ziffern vergleichbarer Betriebe sein.

■ Bilanzanalyse

Um aus der Bilanz auswertbare Daten zu gewinnen, müssen die einzelnen Bilanzpositionen sinnvoll zusammengefasst und in geeigneter Weise zueinander in Beziehung gesetzt werden.

Dabei sind:

- Korrekturposten mit den entsprechenden Bilanzpositionen zu verrechnen (z.B. Wertberichtigungen auf Forderungen mit den entsprechenden Forderungen),
- gleichartige Vermögensteile sind nach der Liquidität und gleichartige Schulden nach der Fälligkeit zu ordnen und
- absolute Zahlen in Prozentzahlen der Bilanzsumme umzurechnen.

Einer Bilanzanalyse liegt häufig das folgende Gliederungsschema zugrunde:

Kapital- bindung	Vermögensstruktur	Kapitalstruktur	Kapital- überlassung
langfristig	**Anlagevermögen** Sachanlagen (Gebäude, Fuhrpark, BGA)	**Eigenkapital** (einschl. Rücklagen und Gewinnvorträgen) **langfristiges Fremdkapital** (Darlehn, Hypotheken)	langfristig
kurz- und mittelfristig	**Umlaufvermögen** (Treibstoffbestände, Forderungen, Besitzwechsel)	**kurz- und mittelfristiges Fremdkapital** (Rückstellungen, Bankschulden, Kundenanzahlungen, noch abzuführende Abgaben, Umsatzsteuer, passive Rechnungs- abgrenzungsposten)	kurz- und mittelfristig
keine Bindung	**Liquide Mittel** (Bank- und Postbank- guthaben, Kassenbestände, aktive Rechnungs- abgrenzungsposten)		

Nach der Aufbereitung der Bilanz S. 107 im vorstehenden Bilanzgliederungsschema ergibt sich:

Aktiva aufbereitete Bilanz Passiva

Vermögensstruktur	EUR	%	Kapitalstruktur	EUR	%
Gebäude Fuhrpark BGA	360 000,00 210 000,00 35 000,00	53,3 31,1 5,2	Eigenkapital	430 000,00	63,7
ges. Anlagevermögen	605 000,00	89,6	Hypothekenschulden Darlehensschulden	150 000,00 70 000,00	22,2 10,4
Treibstoffe Forderungen	10 000,00 19 000,00	1,5 2,8	ges. langfristige Schulden	220 000,00	32,6
ges. kurz- und mittelfristiges Umlaufvermögen	29 000,00	4,3	Verbindlichkeiten Rückstellungen Bankschulden Umsatzsteuer	15 000,00 2 000,00 3 000,00 5 000,00	2,2 0,3 0,4 0,7
Bankguthaben Postbankguthaben Kassenbestand Akt. RAP	24 000,00 6 000,00 8 000,00 3 000,00	3,6 0,9 1,2 0,4	ges. kurz- und mittelfristige Schulden	25 000,00	3,7
ges. liquide Mittel	41 000,00	6,1			
gesamtes Umlaufvermögen	70 000,00	10,4	gesamtes Fremdkapital	245 000,00	36,3
	675 000,00	100		675 000,00	100

Zur Beurteilung dieser Bilanz werden so genannte Bilanzkennziffern gebildet. Im Einzelnen beurteilt man:

1. **Vermögensstruktur (Konstitution).** Hier wird das Verhältnis von Anlage- und Umlaufvermögen zum Gesamtvermögen untersucht.

   Im Beispiel beträgt

   - der Anteil des Anlagevermögens (Anlageintensität) 89,6 % und
   - der Anteil des Umlaufvermögens (Umlaufintensität) 10,4 %.

   Die Vermögensstruktur hängt vor allem von der Art und der Zielsetzung des untersuchten Betriebes ab. Industriebetriebe haben im Allgemeinen einen sehr hohen Anlagevermögensanteil, Handelsunternehmen einen sehr hohen Umlaufvermögensanteil. Bei Reiseverkehrsunternehmen werden in der Regel die Anlagevermögensanteile sehr hoch sein, bedingt durch die hohen Werte von Immobilien und Fahrzeugen. Das Umlaufvermögen muss immer relativ gering bleiben, weil in dieser Branche nicht durch den Kauf und den Verkauf von Waren Umsatz erzielt wird, sondern durch Dienstleistungen.

   Im Allgemeinen verursachen Anlagevermögen **hohe Fixkosten** durch Abschreibungen, Zinszahlungen, Reparaturen usw. Durch ihre relativ geringe Liquidität kann das Unternehmen in Krisenzeiten nicht flexibel reagieren. Mit einem hohen Anteil des Anlagevermögens ist also ein großes Risiko verbunden.

2. **Kapitalaufbau (Finanzierung).** Hier wird ermittelt
   - der Anteil des Eigenkapitals am Gesamtvermögen (Grad der **finanziellen Unabhängigkeit**) und
   - der Anteil des Fremdkapitals am Gesamtvermögen (Grad der **Verschuldung**).

   Im Beispiel beträgt
   - der Eigenkapitalanteil 63,7 % und
   - der Fremdkapitalanteil 36,3 %.

   Je höher der Eigenkapitalanteil eines Unternehmens ist, desto größer ist auch seine Unabhängigkeit von fremden Kapitalgebern. In Krisenzeiten brauchen keine Zinsen gezahlt zu werden und es droht kaum ein Kapitalabzug. Die vorhandenen Gläubiger genießen ein hohes Maß an Schutz, und die Möglichkeit, weiteres Fremdkapital aufzubringen, ist gewährleistet.

3. **Kapitalanlage (Investierung).** Hier wird das Verhältnis von Eigenkapital zu Anlagevermögen untersucht. Die **Goldene Bilanzregel** besagt, dass das Anlagevermögen im Idealfall durch das Eigenkapital gedeckt werden sollte. Ist dies nicht der Fall, sollte es wenigstens durch Eigenkapital und langfristiges Fremdkapital gedeckt sein.

   Letzteres ist im Beispiel der Fall, denn das Anlagevermögen umfasst 89,6 % und Eigenkapital und das langfristige Fremdkapital zusammen umfassen 96,3 % des Gesamtvermögens.

   Wird diese Regel nicht eingehalten, so droht in Krisenzeiten bei Abzug des kurzfristigen Fremdkapitals ein Liquiditätsengpass, weil das Anlagevermögen nicht schnell genug flüssig gemacht werden kann. Dieser Engpass wird dann wahrscheinlich zum Konkurs des Unternehmens führen.

4. **Zahlungsbereitschaft (Liquidität).** Hier wird untersucht, inwieweit ein Unternehmen in der Lage ist, seinen Zahlungsverpflichtungen termingerecht nachzukommen. Es werden drei Stufen der Liquidität unterschieden:
   - Die **Liquidität 1. Grades** setzt alle liquiden Mittel ins Verhältnis zu den kurzfristigen Schulden.

   $$\left(\text{Im Beispiel } \frac{6{,}1\% \cdot 100}{3{,}7\%} = 164{,}9\% \right)$$

   - Die **Liquidität 2. Grades** setzt zusätzlich zu den liquiden Mitteln die Forderungen ins Verhältnis zu den kurzfristigen Schulden, weil auch diese relativ schnell in Zahlungsmittel umgewandelt werden können.

   $$\left(\text{Im Beispiel } \frac{(6{,}1\% + 2{,}8\%) \cdot 100}{3{,}7\%} = 240{,}5\% \right)$$

   - Die **Liquidität 3. Grades** setzt das gesamte Umlaufvermögen ins Verhältnis zu den kurzfristigen Schulden.

   $$\left(\text{Im Beispiel } \frac{10{,}4\% \cdot 100}{3{,}7\%} = 281{,}1\% \right)$$

   Zumindest bei der Liquidität 2. Grades sollte ein Deckungsgrad von mehr als 100 % erreicht werden, weil so gewährleistet ist, dass die kurzfristigen Schulden problemlos bezahlt werden können.

Weil diese Liquiditätskennziffern nur für einen Stichtag gelten, weil keine Fälligkeitstermine für Forderungen und Verbindlichkeiten berücksichtigt werden und die Zahlungsmoral der Kunden nicht beachtet wird, ist ihre Aussagekraft nur begrenzt.

■ Erfolgsanalyse

Auch der Erfolg eines Unternehmens kann durch die Bildung von Kennziffern besser beurteilt werden als durch absolute Zahlen. Im Einzelnen sind das:

● **Rentabilitätskennziffern**

Ein Unternehmen arbeitet rentabel, wenn es einen möglichst hohen Gewinn erzielt hat. Unter Rentabilität wird dabei das prozentuale Verhältnis des Gewinns (oder des Verlustes) zum eingesetzten Kapital verstanden.

Für die Beurteilung der Rentabilität sind neben dem Gewinn unter Umständen weitere Größen heranzuziehen. Wenn es sich bei dem Unternehmen um ein Einzelunternehmen handelt, bei dem der Inhaber selbst mitarbeitet, ist ein Unternehmerlohn zu berücksichtigen, damit eine Vergleichbarkeit mit z.B. Kapitalgesellschaften gegeben ist, bei denen die vergleichbare Geschäftsführertätigkeit durch ein Gehalt bezahlt wird. Durch die Berücksichtigung des Unternehmerlohns verringert sich der Gewinn des Unternehmens.

Für die folgenden Beispiele wird beim Reisebüro A. Globus ein Unternehmerlohn in Höhe von 40 000,00 EUR angenommen. Außerdem wird von einem Zinssatz für langfristige Darlehn von 7 % p.a. ausgegangen.

Je nach Bezugsgröße unterscheidet man folgende Kennziffern:

1. **Eigenkapitalrentabilität.** Hier wird der Gewinn in Beziehung zum eingesetzten Kapital gesetzt.

$$\text{Eigenkapitalrentabilität} = \frac{\text{Gewinn} \cdot 100}{\text{Eigenkapital}}$$

Damit ergibt sich für das Beispiel:

$$\text{Eigenkapitalrentabilität} = \frac{133\,000{,}00 \cdot 100}{430\,00{,}00} = \underline{\underline{30{,}93\,\%}}$$

Diese Kennziffer gibt an, wie sich das eingesetzte Eigenkapital verzinst hat. Vergleicht der Unternehmer die erwirtschafteten 30,93 % mit dem üblichen Zinssatz von 7 %, so erkennt er, dass er sehr gut gewirtschaftet hat.

2. **Gesamtkapitalrentabilität.** Das gesamte eingesetzte Kapital hat neben dem Gewinn auch die Zinsen erwirtschaftet und muss deshalb in die Berechnung einbezogen werden.

$$\text{Gesamtkapitalrentabilität} = \frac{(\text{Gewinn} + \text{Zinsen}) \cdot 100}{\text{Gesamtkapital}}$$

Mit den Zahlen des Beispiels ergibt sich:

$$\text{Gesamtkapitalrentabilität} = \frac{(133\,00{,}00 + 15\,400{,}00) \cdot 100}{675\,000{,}00} = \underline{\underline{21{,}99\,\%}}$$

Aufstellung und Auswertung des Jahresabschlusses **115**

Liegt die Gesamtrentabilität über dem Marktzinssatz, wie in diesem Fall, so lohnt sich die Aufnahme weiteren Fremdkapitals. Es würde mehr Gewinn bringen, als es kosten würde und führte damit zu einer Steigerung der Eigenkapitalrentabilität.

3. **Umsatzrentabilität.** Diese Kennziffer gibt an, wie viel Prozent der Erlöse dem Unternehmen als Gewinn zugeflossen sind. Sie wird durch die folgende Formel ermittelt.

$$\text{Umsatzrentabilität} = \frac{\text{Gewinn} \cdot 100}{\text{Umsatzerlöse}}$$

Für das Beispiel:

$$\text{Umsatzrentabilität} = \frac{133\,000{,}00 \cdot 100}{588\,400{,}00} = 22{,}60\,\%$$

Im Vergleich mit den Werten früherer Jahre und den Werten vergleichbarer Unternehmen gibt diese Kennziffer Auskunft über die Ertragslage und Entwicklung des Unternehmens.

● **Cashflow**

Diese Kennziffer gibt Auskunft über die Selbstfinanzierungskraft eines Unternehmens, weil sie zeigt, welche Mittel für die Finanzierung von Investitionen und die Schuldentilgung bereitstehen.

Zusätzlich zum Gewinn werden dabei die Aufwendungen herangezogen, die zu keinen Ausgaben geführt haben.

Gewinn	133 000,00
+ Abschreibungen	65 000,00
+ Rückstellungen	2 000,00
= Cashflow	200 000,00

Der Cashflow gibt eher als der Gewinn an, welche über die Erlöse in den Betrieb geflossenen Mittel im Unternehmen geblieben sind. Je höher er ist, desto mehr Mittel stehen in der nächsten Periode für Finanzierungszwecke zur Verfügung.

Übungsaufgaben

1
1. Wozu lassen sich die Bilanzkennziffern nutzen?
2. Was besagt die „Goldene Bilanzregel" und warum sollte sie erfüllt sein?
3. Was bedeutet die Liquidität 1. Grades?
4. Welche Gefahren ergeben sich aus einem zu hohen Anlagevermögensanteil?
5. Welche Gefahren liegen in einem zu hohen Fremdkapitalanteil?
6. Welche Kritik lässt sich an den Bilanzkennziffern anbringen?

2
1. Warum muss bei Einzelunternehmungen und Personengesellschaften der Unternehmerlohn vom Gewinn abgezogen werden?
2. Wann lohnt es sich für den Unternehmer, weiteres Fremdkapital aufzunehmen?
3. Warum müssen bei der Berechnung der Gesamtkapitalrentabilität die Zinsen mit berücksichtigt werden?

3 Beim Reisebüro Karl Basche, Ulm, zeigt die Bilanz in zwei aufeinander folgenden Jahren die folgenden Werte (jeweils in TEUR).

Aktiva   Bilanz   Passiva

	Jahr 1	Jahr 2		Jahr 1	Jahr 2
1 Anlagevermögen			1 Eigenkapital	490	544
1.1 Gebäude	480	470			
1.2 Fuhrpark	40	75	2 Fremdkapital		
1.3 BGA	28	30	2.1 langfr. Schulden		
			2.1.1 Hypotheken	90	85
2 Umlaufvermögen			2.1.2 Darlehen	15	5
2.1 Treibstoffe	12	8			
2.2 Forderungen	9	15	2.2 kurzfr. Schulden		
2.3 Bankguthaben	36	52	2.2.1 Verbindlichkeiten	13	15
2.4 Postbank	3	5	2.2.2 Rückstellungen	0	5
2.5 Kasse	4	2	2.2.3 Umsatzsteuer	4	3
	612	657		612	657

1. Bereiten Sie die Bilanzen nach dem Gliederungsschema auf Seite 111 auf.
2. Berechnen Sie die folgenden Bilanzkennziffern:
   – Vermögensstruktur,   – Kapitalaufbau,
   – Kapitalanlage,   – Zahlungsbereitschaft.
3. Beurteilen Sie die Bilanzen und die Entwicklungen mithilfe dieser Kennziffern.

4 Für das Reisebüro „Happy-Tours GmbH" in Mainz liegen für zwei aufeinander folgende Jahre folgende Zahlen vor:

	Jahr 1/EUR	Jahr 2/EUR
Gewinn	75 000,00	64 000,00
Umsatzerlöse	900 000,00	850 000,00
Zinsen	20 000,00	24 000,00
Abschreibungen	60 000,00	40 000,00
Rückstellungen	5 000,00	0,00
Eigenkapital	660 000,00	724 000,00
Gesamtkapital	900 000,00	994 000,00

1. Ermitteln Sie die Rentabilitätskennziffern und den Cashflow für beide Jahre.
2. Beurteilen Sie die wirtschaftliche Entwicklung in diesen beiden Jahren. Unterstellen Sie dabei, dass der durchschnittliche Marktzinssatz in beiden Jahren 8 % p.a. betrug und die Eigenkapitalrentabilität bei vergleichbaren Unternehmen von 11,5 % auf 13,2 % gestiegen ist.

12 Kosten- und Leistungsrechnung

Situation Das Reisebüro A. Globus ist sowohl als Reisevermittler als auch als Busreiseveranstalter tätig.

Dem Unternehmen gehören eine Bushalle mit Verwaltungsräumen in einem ortsnahen Gewerbegebiet und ein Wohn- und Geschäftsgebäude in der Innenstadt, in dem u.a. das Reisebüro untergebracht ist. Die restlichen Räume sind vermietet.

Im Reisebüro verkaufen drei Angestellte Pauschalreisen, Flugscheine und Bahnfahrkarten. Zwei Angestellte bearbeiten die eigenen Veranstaltungen. Eine weitere Kraft ist für die allgemeine Verwaltung zuständig und der Inhaber nimmt die Aufgaben der Geschäftsleitung wahr. Außerdem sind in dem Unternehmen fünf Busfahrer beschäftigt.

Die eigenen Busreisen werden mit drei modernen Reisebussen durchgeführt, die drei, zwei und ein Jahr alt sind.

Im letzten Geschäftsjahr wurden folgende Bilanz und GuV-Rechnung aufgestellt (Werte in jeweils 1 000 EUR):

Aktiva	Bilanz zum 31. Dezember		Passiva
Grundstücke und Bauten	1 290	Eigenkapital	1 170
Fahrzeuge	620	Hypothekenschulden	680
BGA	88	Darlehn	260
Forderungen	8	Verbindlichkeiten	22
Bankguthaben	67	Umsatzsteuer	11
Kasse	84	Kundenanzahlungen	14
	2157		2 157

Soll	GuV-Rechnung		Haben
Aufwendungen für eigene Reiseveranstaltungen § 25	746	Umsätze eigene Reiseveranst. § 25	1 074
Löhne und Gehälter	276	Erlöse eigene Reiseveranst. § 3a	128
Soziale Abgaben	40	Erlöse Touristik Reisevermittlung	364
Raumkosten	18	Erlöse Flugverkehr	136
Kommunikationskosten	48	Erlöse DB/DER	95
Bürosachkosten	12	Haus- und Grundstückserträge	38
Werbekosten	85	Erträge aus Anlageverkäufen	40
Vertretungskosten	30	Periodenfremde Erträge	15
Steuern und Beiträge	9		
Kfz-Kosten	92		
Abschreibungen	280		
Haus- und Grundstücksaufwendungen	30		
Zinsaufwendungen	38		
Sonstige Aufwendungen	24		
Eigenkapital	162		
	1 890		1 890

Der Inhaber ist erfreut über die positive Geschäftsentwicklung. Um weiterhin konkurrenzfähig zu sein, sucht er nach Verbesserungsmöglichkeiten. Er lässt sich deshalb von seinem Steuerberater in die Geheimnisse der Kosten- und Leistungsrechnung einführen.

12.1 Aufgaben der Kosten- und Leistungsrechnung

Die vorstehenden Werte des Jahresabschlusses sind Werte, die aus der Geschäftsbuchhaltung, die auch als Finanzbuchhaltung bezeichnet wird, kommen. Ihre Aussagekraft bezüglich der wirtschaftlichen Leistungsfähigkeit eines Unternehmens ist begrenzt, weil u.a.

- Werte erfasst werden, die nicht unbedingt immer etwas mit dem Betriebszweck zu tun haben (z.B. Zinsaufwendungen oder Haus- und Grundstückserträge),
- Werte erfasst werden, die nicht wirtschaftlich begründet sind, sondern steuer- oder handelsrechtlich (z.B. die Höhe der Abschreibungen),
- nicht alle betrieblich notwendigen Werte erfasst werden (z.B. der Unternehmerlohn) und
- nicht alle Werte auch wirtschaftlich durch die abgelaufene Periode begründet sind (z.B. die periodenfremden Aufwendungen und Erträge).

Die bisherige Geschäftsbuchhaltung kann damit keine korrekte Aussage über den betrieblichen Erfolg des Unternehmens machen. Sie muss vielmehr durch die Kosten- und Leistungsrechnung ergänzt werden. Die Geschäftsbuchhaltung ist vor allem für Dritte von Bedeutung, insbesondere für Finanzamt, Kreditgeber und bei Kapitalgesellschaften für die Eigentümer.

Die Kosten- und Leistungsrechnung hat in erster Linie innerbetriebliche Aufgabenstellungen, z.B. als Überwachungsinstrument der Erfolgsquellen.

Aufgaben der Finanzbuchhaltung	Aufgaben der Kosten- und Leistungsrechnung
• Aufzeichnung aller Geschäftsfälle • Ermittlung des Gesamterfolges der Unternehmung • Erfüllung steuerrechtlicher und handelsrechtlicher Vorschriften • Grundlage der Besteuerung • Beweismittel gegenüber Eigentümern und Kreditgebern	• Erfassung aller betrieblichen Kosten und aller betrieblichen Leistungen • Überwachung der Wirtschaftlichkeit des Unternehmens durch Kontrolle der Entwicklung der Kosten und Leistungen • Ermittlung der Selbstkosten und der Angebotspreise für eigene Reiseveranstaltungen • Ermittlung von Deckungsbeiträgen bei der Spartenerfolgsrechnung

Um diese Aufgaben zu erfüllen, werden in den einzelnen Stufen der Kosten- und Leistungsrechnung die Kosten näher untersucht. Die Untergliederung zeigt das folgende Schaubild:

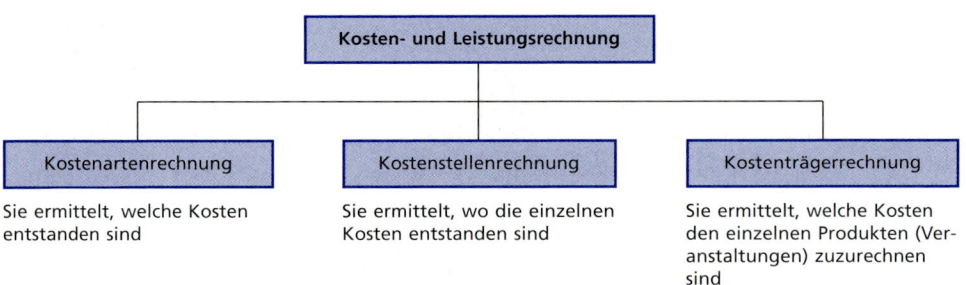

12.2 Abgrenzung der Kosten- und Leistungsrechnung von der Geschäftsbuchführung

Damit eine Kosten- und Leistungsrechnung ihre Aufgaben erfüllen kann, ist es notwendig, die Zahlen der Geschäftsbuchführung so zu zerlegen, dass die rein betriebsbezogenen Werte von den betriebsneutralen Werten getrennt werden können. Wird diese Teilung vorgenommen, lassen sich wertvolle Informationen für betriebliche Entscheidungen gewinnen.

Die Gewinn- und Verlustrechnung ermittelt durch die Gegenüberstellung der Aufwendungen und Erträge den **Gesamterfolg** der **gesamten Unternehmenstätigkeit**. Aufwendungen entstehen dabei durch alle Vorgänge, die das Eigenkapital mindern, wie die Zahlung von Gehältern, die Zahlung von Zinsen, die Abschreibung von Anlagegütern. Alle Geschäftsfälle, die das Eigenkapital mehren, werden als Erträge erfasst, z.B. erhaltene Provisionen, Margen aus eigenen Veranstaltungen, Mieteinnahmen. Nicht alle diese Vorgänge sind durch das eigentliche Betriebsziel, nämlich die Veranstaltung und die Vermittlung von Reiseleistungen, verursacht worden, wie z.B. die Zinszahlungen und die Mieteinnahmen.

Die Kosten- und Leistungsrechnung befasst sich ausschließlich mit den Zahlen, die zum **Betriebsergebnis**, das heißt dem Erfolg aus der **eigentlichen Betriebstätigkeit**, führen. Daher werden zwei getrennte Rechnungskreise gebildet, die mit unterschiedlichen Begriffen arbeiten. Die **Aufwendungen** und **Erträge** der Geschäftsbuchhaltung (Rechnungskreis I) bilden dabei die Grundlage für die **Kosten** und **Leistungen** der Kosten- und Leistungsrechnung (Rechnungskreis II).

> **Merke**
> - **Aufwendungen** werden im Soll der GuV-Rechnung zusammengefasst und mindern das Eigenkapital des Unternehmens.
> - **Erträge** werden im Haben der GuV-Rechnung zusammengefasst und mehren das Eigenkapital.
> - **Kosten** sind alle Aufwendungen, die unmittelbar mit dem eigentlichen Betriebszweck in Zusammenhang stehen.
> - **Leistungen** sind alle Erträge, die bei der Erfüllung des eigentlichen Betriebszweckes anfallen.

12.2.1 Grundbegriffe der Kostenrechnung

Kosten und Aufwendungen entsprechen sich im Regelfall nicht. So genannte **neutrale Aufwendungen** (z.B. Verkauf von Wirtschaftsgütern unter Buchwert, Steuernachzahlungen, Spenden) besitzen keinen Kostencharakter und werden daher nicht in die Kosten- und Leistungsrechnung übernommen. Aufwendungen, die sich aus der eigentlichen Betriebstätigkeit ergeben (Gehälter, Werbekosten, Kommunikationskosten usw.) werden als **Zweckaufwand** bezeichnet. Sie werden in voller Höhe in die Kosten- und Leistungsrechnung übernommen.

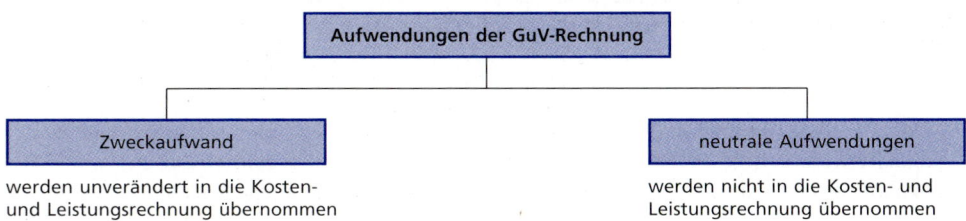

Den unverändert aus der GuV-Rechnung übernommenen Aufwendungen (Zweckaufwand) wird in der Kosten- und Leistungsrechnung der Begriff **Grundkosten** zugeordnet. Aufgrund einer veränderten Bezugsbasis ergeben sich in der Kosten- und Leistungsrechnung für bestimmte Aufwendungen (Zinsen, Abschreibungen) andere Beträge, sog. **Anderskosten**. Zusätzlich werden in der Kosten- und Leistungsrechnung Kosten einbezogen, denen kein Aufwand gegenübersteht (kalkulatorische Miete, kalkulatorischer Unternehmerlohn). Diese Kosten ohne Aufwandscharakter werden als **Zusatzkosten** bezeichnet.

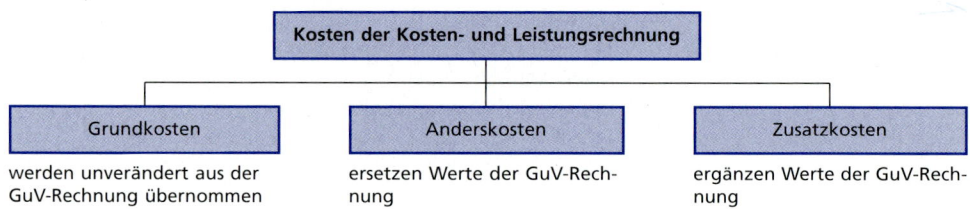

Grundkosten	Anderskosten	Zusatzkosten
werden unverändert aus der GuV-Rechnung übernommen	ersetzen Werte der GuV-Rechnung	ergänzen Werte der GuV-Rechnung

Beispiele

Zweckaufwand/Grundkosten	Wert in der GuV	Wert in der KLR
Gehaltszahlung an Angestellte	1 900,00	1 900,00
Eingangsrechnung für Zeitungsanzeige	750,00	750,00
Quittung für Tanken des Geschäftswagens	45,00	45,00

Neutrale Aufwendungen	Wert in der GuV	Wert in der KLR
Bezahlung der Grundsteuer	1 200,00	0,00
Banklastschrift für Darlehnszinsen	2 000,00	0,00
Mietzahlungen	1 800,00	0,00

Anderskosten	Wert in der GuV	Wert in der KLR
kalkulatorische Zinsen	1 800,00	4 000,00
kalkulatorische Abschreibungen	3 000,00	1 600,00

Zusatzkosten	Wert in der GuV	Wert in der KLR
kalkulatorischer Unternehmerlohn	0,00	4 000,00
kalkulatorische Miete	0,00	2 500,00

Die Zusatzkosten und die Anderskosten werden auch als kalkulatorische Kosten bezeichnet.

Kalkulatorische Kosten	Erläuterung
Kalkulatorische Abschreibungen	Ersetzen die bilanziellen Abschreibungen
Kalkulatorische Miete	Erfassen das Entgelt bei eigengenutzten Geschäftsräumen und ersetzen ggf. die Haus- und Grundstücksaufwendungen
Kalkulatorischer Unternehmerlohn	Erfassen das Entgelt für die Mitarbeit des Unternehmers
Kalkulatorische Zinsen	Ersetzen oder ergänzen die gezahlten Zinsen
Kalkulatorische Wagnisse	Erfassen das Entgelt für getragene Risiken

Kalkulatorische Abschreibungen

Die Abschreibungen in der Geschäftsbuchhaltung werden aufgrund steuerlicher oder handelsrechtlicher Vorschriften gebildet. In der Regel sind das die höchstzulässigen 25 % bei degressiver Abschreibung. Dadurch werden aber keinesfalls die betrieblichen Gegebenheiten wiedergegeben, wie das folgende Beispiel zeigt.

> **Beispiel** Die Anschaffungskosten für einen neuen Reisebus betragen 400 000,00 EUR. Er wird im Unternehmen im Allgemeinen fünf Jahre genutzt und dann für 25 % der ursprünglichen Anschaffungskosten wieder in Zahlung gegeben. Erwartungsgemäß steigen die Anschaffungskosten in 5 Jahren um 5 %.

Die steuerliche Abschreibung der Finanzbuchhaltung beträgt im Anschaffungsjahr 20 % von 400 000,00 EUR, das sind 80 000,00 EUR.

Die kalkulatorische Abschreibung muss folgendermaßen ermittelt werden:

Preis für den neuen Reisebus	420 000,00 EUR
– Restpreis für den alten Reisebus	100 000,00 EUR
notwendig für Wiederbeschaffung	320 000,00 EUR

Wird diese Summe gleichmäßig auf die fünf Jahre der Nutzung verteilt, ergibt sich ein Wert von 64 000,00 EUR, der an Stelle der bilanziellen Abschreibungen angesetzt wird.

Kalkulatorische Zinsen

Die Zinsen der Finanzbuchhaltung sind die tatsächlich gezahlten Zinsen für eingesetztes Fremdkapital. In der Kosten- und Leistungsrechnung sollte aber auch zumindest zusätzlich die Verzinsung des Eigenkapitals berücksichtigt werden, sofern es zur Erreichung des Betriebszweckes eingesetzt wird. Würde das gesamte Betriebsvermögen durch Fremdkapital finanziert, müssten Zinsen gezahlt und die dadurch verursachten Kosten berücksichtigt werden. Weil das Eigenkapital aber vom Unternehmer zur Verfügung gestellt wird, werden tatsächlich keine Zinsen gezahlt. Dieser Zinsverzicht ist für den Unternehmer nicht hinnehmbar. Er könnte sein Geld ja auch anders anlegen und dafür Zinsen bekommen.

Für eine andere Methode zur Ermittlung der kalkulatorischen Zinsen ist die Berechnung des betriebsnotwendigen Kapitals erforderlich. Es werden ausschließlich die Teile des Anlage- und Umlaufvermögens berücksichtigt, die auch der Erreichung des Betriebszweckes dienen. Beispielsweise werden Finanzanlagen, nicht betrieblich genutzte Grundstücke und zu hohe liquide Mittel nicht in das betriebsnotwendige Kapital einbezogen. Von diesem Betrag wird das sog. Abzugskapital abgezogen. Darunter versteht man das Fremdkapital, für das keine Zinsen gezahlt wird, z. B. für Kundenanzahlungen oder zinslose Verbindlichkeiten. Bei dieser Methode müssen die bereits gezahlten Fremdkapitalzinsen abgegrenzt werden.

Das betriebsnotwendige Kapital bzw. das eingesetzte Eigenkapital sollte mit einem Zinssatz, der sich an den langfristigen Marktzinsen orientiert, als kalkulatorischer Zinssatz angesetzt werden.

Kalkulatorischer Unternehmerlohn

Bei Einzelunternehmen oder Personengesellschaften wird das Unternehmen häufig von den Eigentümern selbst geleitet. Sie erhalten für diese Tätigkeit kein Entgelt. Ist ein vergleichbares Reisebüro eine Kapitalgesellschaft, muss für diese Tätigkeit ein Geschäftsführer eingestellt werden. Das Gehalt dieses Geschäftsführers verursacht Kosten. Will der selbst mitarbeitende Unternehmer sich nicht selbst ausbeuten, so muss er einen entsprechenden Unternehmerlohn einkalkulieren.

Der kalkulatorische Unternehmerlohn sollte dem durchschnittlichen Gehalt eines leitenden Angestellten entsprechen, der in einem vergleichbaren Unternehmen eine ähnliche Aufgabe wahrnimmt. In diesem Fall sind auch die bei einem Ausfall des Unternehmers entstehenden Kosten für einen dann anzustellenden Geschäftsführer von vornherein mit in die Preise einkalkuliert.

■ Kalkulatorische Miete

Ein Unternehmen, das die Geschäfte in eigenen Räumlichkeiten betreibt, zahlt keine Miete. In der Geschäftsbuchhaltung werden in den Haus- und Grundstücksaufwendungen u.a. die fälligen Steuern, die Instandhaltungskosten und die Gebäudeabschreibungen erfasst. Diese schwanken naturgemäß von Jahr zu Jahr und sind daher für eine sinnvolle Kostenberechnung nicht zu gebrauchen. Sie werden daher abgegrenzt und durch eine ortsübliche Miete für entsprechende Räumlichkeiten ersetzt.

■ Kalkulatorische Wagnisse

Jede unternehmerische Tätigkeit bringt Risiken mit sich. So können z.B. Währungsverluste entstehen oder bereits bezahlte Reisevorleistungen nicht verkauft werden, weil sich das Zielgebiet zu einem Krisengebiet gewandelt hat. Bei selbst veranstalteten Reisen ist immer die Gefahr gegeben, dass der Unternehmer für berechtigte Reklamationen haften muss. Für derartige Risiken sollte ein entsprechender Betrag berücksichtigt werden. Die Höhe dieses Betrages kann nur durch Erfahrungswerte bestimmt werden.

> **Merke**
>
> ■ Die Werte der Geschäftsbuchführung können nicht in jedem Fall in die Kostenrechnung übernommen werden.
> ■ Neutrale Aufwendungen der Geschäftsbuchführung dürfen nicht in die Kosten- und Leistungsrechnung übernommen werden.
> ■ Aufwendungen, die durch „äußere Einflüsse", z.B. gesetzliche Regelungen, bestimmt sind, müssen in anderer Höhe in die Kosten- und Leistungsrechnung übernommen werden **(Anderskosten)**.
> ■ „Betrieblicher Werteverzehr", dem keine Aufwendungen gegenüberstehen, muss als **Zusatzkosten** in die Kosten- und Leistungsrechnung übernommen werden.
>
>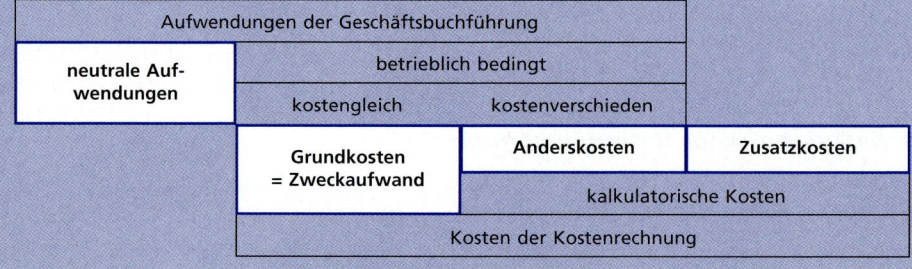

12.2.2 Grundbegriffe der Leistungsrechnung

Nicht alle Erträge der GuV-Rechnung sind durch die eigentliche Betriebstätigkeit entstanden (Mieteinnahmen, Verkauf von Wirtschaftsgütern über Buchwert usw.). Dieser Teil der Erträge wird als **außerordentliche Erträge** bezeichnet und nicht in die Kosten- und Leistungsrechnung übernommen. Die Erträge, die durch den eigentlichen Betriebszweck entstanden sind, werden als **Leistungen** übernommen.

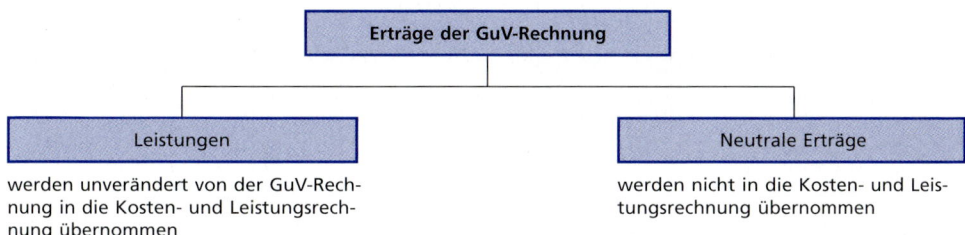

Leistungen: werden unverändert von der GuV-Rechnung in die Kosten- und Leistungsrechnung übernommen

Neutrale Erträge: werden nicht in die Kosten- und Leistungsrechnung übernommen

Beispiele

Leistungen	Wert in der GuV	Wert in der KLR
Provisionsgutschrift eines Veranstalters	1 900,00	1 900,00
Marge aus einer eigenen Veranstaltung	750,00	750,00
Provisionsgutschrift der DB	45,00	45,00

neutrale Erträge	Wert in der GuV	Wert in der KLR
Zahlung eines Mieters	1 200,00	0,00
Bankgutschrift für Zinsen	2 000,00	0,00
Gewinn aus dem Verkauf eines Anlagegutes	1 800,00	0,00

12.2.3 Abgrenzungstabelle

Situation Unter Berücksichtigung dieser Erkenntnisse soll das Betriebsergebnis der Ausgangssituation (Seite 117) ermittelt werden. Dabei sind folgende Punkte noch zu berücksichtigen:

1. Die kalkulatorischen Abschreibungen betragen 195 000,00 EUR.
2. Der kalkulatorische Unternehmerlohn soll monatlich 4 000,00 EUR betragen.
3. Die ortsübliche Monatsmiete für vergleichbare Räumlichkeiten beträgt 5 000,00 EUR.
4. Das betriebsnotwendige Kapital beträgt 1 200 000,00 EUR. Der Marktzinssatz für langfristige Finanzanlagen beträgt 6 % p. a.
5. Die Erfahrungen der Vergangenheit haben gezeigt, daß ein kalkulatorisches Wagnis von 21 000,00 EUR berücksichtigt werden muss.

Abgrenzungstabelle

	Rechnungs-kreis I GuV-Rechnung		Rechnungskreis II				Betriebs-ergebnis-rechnung	
			Abgrenzungsbereich					
			Unternehmens-bezogene Korrekturen neutrale		Kostenrech-nerische Korrekturen verrechnete			
	Auf-wend.	Er-träge	Auf-wend.	Er-träge	Auf-wend.	Kos-ten	Kos-ten	Leis-tungen
Aufw. eigene Reise-veranst. § 25	746						746	
Löhne und Gehälter	276						276	
Soziale Abgaben	40						40	
Raumkosten	18						18	
Kommunikations-kosten	48						48	
Bürosachkosten	12						12	
Werbekosten	85						85	
Vertretungskosten	30						30	
Steuern und Beiträge	9						9	
Kfz-Kosten	92						92	
Abschreibungen	280				280			
Haus- und Grundstücks-aufwendungen	30				30			
Zinsaufwendungen	38				38			
Sonstige Aufwendungen	24		24					
Umsätze eigene Reise-veranst. § 25		1 074						1 074
Erlöse eigene Reise-veranst. § 3a		128						128
Erlöse Touristik Reisevermittlung		364						364
Erlöse Flugverkehr		136						136
Erlöse DB/DER		95						95
Haus- und Grundstücks-erträge		38		38				
Erträge aus Anlagen-verkäufen		40		40				
Periodenfremde Erträge		15		15				
Kalkulatorische Abschrei-bungen						195	195	
Kalkulatorischer Unter-nehmerlohn						48	48	
Kalkulatorische Miete						60	60	
Kalkulatorische Zinsen						72	72	
Kalkulatorische Wagnisse						21	21	
Gesamt	1 728	1 890 → 1 728	24 →	93 24	348 →	396 348	1 752 →	1 797 1 752
Gesamtergebnis		162						
Neutrales Ergebnis				69		48		
Betriebsergebnis								45

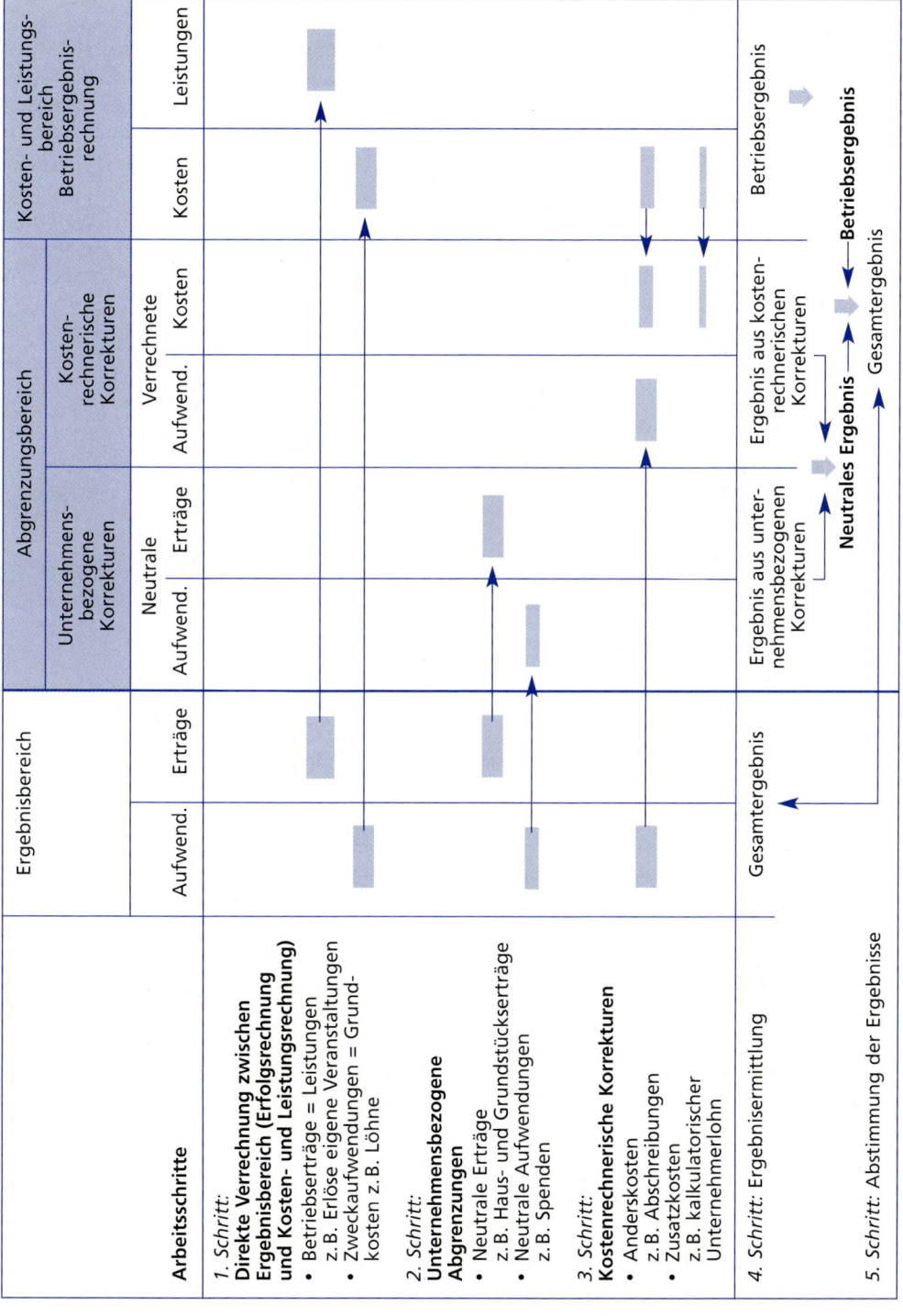

■ Erläuterungen zur Abgrenzungstabelle

Die Abgrenzungstabelle liefert neben dem Gesamtergebnis (162 000,00 EUR) auch das neutrale Ergebnis (69 000,00 EUR + 48 000,00 EUR = 117 000,00 EUR) und das Betriebsergebnis (45 000,00 EUR). Das Gesamtergebnis ist der Gewinn aus der gesamten Geschäftstätigkeit des Unternehmens. Das Betriebsergebnis stellt den Erfolg der eigentlichen Betriebstätigkeit dar und das neutrale Ergebnis zeigt den Erfolg der außerbetrieblichen Aktivitäten.

Vergleicht man Gesamtergebnis und Betriebsergebnis miteinander, so zeigt sich, dass das Betriebsergebnis deutlich schlechter als das Gesamtergebnis ist. Ein großer Teil der Gesamtgewinne wird in einem Bereich erwirtschaftet, der außerhalb des eigentlichen Betriebszweckes liegt. In einem weiteren Schritt wäre zu untersuchen, worin die Gründe hierfür liegen.

> **Merke**
> - In der Geschäftsbuchhaltung wird das **Gesamtergebnis** des Unternehmens ermittelt, in der Kosten- und Leistungsrechnung das **Betriebsergebnis**.
> - Die Zahlen der Geschäftsbuchhaltung bilden die Grundlage der Kosten- und Leistungsrechnung.
> - In der Abgrenzungstabelle werden die neutralen Aufwendungen und Erträge der Geschäftsbuchhaltung herausgefiltert und Anderskosten und Zusatzkosten erfasst.
> - Die Abgrenzungstabelle enthält neben dem Gesamtergebnis das neutrale und das Betriebsergebnis.
> - Das Betriebsergebnis ist für die Beurteilung der Wirtschaftlichkeit des Unternehmens unerlässlich.

Übungsaufgaben

1 Nennen Sie die wichtigsten Aufgaben der Finanzbuchhaltung und der Kosten- und Leistungsrechnung.

2 Grenzen Sie die Begriffe: Aufwand – Kosten
Erträge – Leistungen
voneinander ab.

3 Was versteht man unter kalkulatorischen Kosten? Warum werden sie in der Kosten- und Leistungsrechnung verwendet?

4 Welche Bedeutung hat das Betriebsergebnis für den Unternehmer?

5 Ordnen Sie die folgenden Vorgänge durch Ankreuzen in einer Tabelle nach folgendem Muster ein:

Vorgang	Aufwendungen	Kosten	Grundkosten	neutrale Aufw.	Zusatzkosten	Erträge	Anderskosten	Leistungen	neutrale Erträge

1. Banküberweisung des Gehalts an die Angestellte Müller
2. Unternehmerlohn des Inhabers
3. Bilanzielle Abschreibung für den Geschäftswagen
4. Grundsteuerzahlung für das Betriebsgebäude
5. Banküberweisung der Telefonrechnung
6. Veranstalter überweist die fälligen Provisionen
7. Gewinn aus dem Verkauf eines gebrauchten Kopierers
8. Banküberweisung eines Mieters
9. Nettomarge aus einer eigenen Veranstaltung
10. Erstattung der im Vorjahr zu viel gezahlten Gewerbesteuer
11. Kalkulatorische Abschreibung für den Reisebus

12. Zinsgutschrift der Bank
13. Banküberweisung der START-Gebühren
14. Provisionszahlung an ein anderes Reisebüro
15. Eingangsrechnung für die Anmietung eines Reisebusses

6 Das Reisebüro Bergmann, Wuppertal, das ausschließlich als Reisevermittler tätig wird, entnimmt der Geschäftsbuchhaltung die folgenden Werte:

	EUR		EUR
Löhne und Gehälter	178 000,00	Erlöse Touristik Reisevermittl.	198 000,00
Soziale Abgaben	26 000,00	Erlöse Flugverkehr	124 000,00
Raumkosten	46 000,00	Erlöse DB/DER	112 000,00
Kommunikationskosten	41 000,00	Erträge aus Anlageverkäufen	40 000,00
Bürosachkosten	29 000,00		
Werbekosten	12 000,00		
Steuern und Beiträge	21 000,00		
Kfz-Kosten	14 000,00		
Abschreibungen	38 000,00		
Zinsaufwendungen	9 000,00		

Folgende kalkulatorische Kosten sind zu berücksichtigen:
Kalkulatorischer Unternehmerlohn: monatlich 3 600,00 EUR
Kalkulatorische Abschreibungen: 21 000,00 EUR
Kalkulatorische Zinsen: 7 % p.a. zusätzlich zu den Zinsaufwendungen für das eingesetzte Eigenkapital von 400 000,00 EUR
Ermitteln Sie mithilfe einer Abgrenzungstabelle das Gesamtergebnis, das neutrale Ergebnis und das Betriebsergebnis und beurteilen Sie die ermittelten Werte.

7 Der Busreiseveranstalter Exclusiv-Reisen GmbH entnimmt im Monat August der Geschäftsbuchführung die folgenden Werte:

	EUR		EUR
Aufwendungen eigene Reise-Veranstaltungen (§ 25 UStG)	90 000,00	Umsätze eigene Reiseveranstaltungen (§ 25 UStG)	130 000,00
Löhne und Gehälter	40 000,00	Erlöse eigene Reiseveranstaltungen (§ 3a UStG)	60 000,00
Soziale Abgaben	6 000,00	Zinserträge	4 000,00
Kommunikationskosten	3 000,00	Haus- und Grundstückserträge	3 000,00
Bürosachkosten	2 000,00		
Werbekosten	4 000,00		
Kfz-Kosten	12 000,00		
Abschreibungen	8 000,00		
Haus- und Grundstücksaufwendungen	1 200,00		

Folgende kalkulatorische Kosten sind zu berücksichtigen:
Kalkulatorische Abschreibungen: 6 500,00 EUR
Kalkulatorische Zinsen: 3 500,00 EUR
Kalkulatorische Miete: 2 500,00 EUR
Ermitteln Sie mithilfe einer Abgrenzungstabelle das Gesamtergebnis, das neutrale Ergebnis und das Betriebsergebnis und beurteilen Sie die ermittelten Werte.

8 Der Busreiseveranstalter Fern-Reisen kaufte am 1. Februar einen neuen Fernreisebus. Die Anschaffungskosten betragen 380 000,00 EUR. Reisebusse werden in der Regel vier Jahre im Betrieb genutzt und dann für 30 % der Anschaffungskosten in Zahlung gegeben. Preissteigerungen sind wegen des umkämpften Marktes nicht zu erwarten. In der Finanzbuchhaltung wird der Bus mit der steuerlich höchstzulässigen AfA (Nutzungsdauer sechs Jahre) abgeschrieben.
Berechnen Sie die kalkulatorischen und die bilanziellen Abschreibungen für das Jahr der Anschaffung.

9 Sind die folgenden Aussagen richtig oder falsch? Begründen Sie Ihre Ansicht.
1. Die Kosten- und Leistungsrechnung wird aufgrund einer handelsrechtlichen Vorschrift durchgeführt.
2. Das Betriebsergebnis gibt den Erfolg der eigentlichen Betriebstätigkeit wieder.
3. Das Gesamtergebnis hat für den Unternehmer keinerlei Bedeutung.
4. Zweckaufwand und Grundkosten sind gleich groß.
5. Eine Berücksichtigung von kalkulatorischen Kosten ist nicht erforderlich.
6. Leistungen + außerordentliche Erträge – Kosten = Gesamtergebnis.

10 Das vorläufige Betriebsergebnis des Reisebüros Eberle beträgt 238 000,00 EUR. Die folgenden kalkulatorischen Kosten sind noch nicht berücksichtigt:
– Der kalkulatorische Unternehmerlohn soll mit 45 000,00 EUR angesetzt werden.
– Die bilanziellen Abschreibungen in Höhe von 28 000,00 EUR sollen durch kalkulatorische Abschreibungen in Höhe von 21 000,00 EUR ersetzt werden.
– Die kalkulatorische Miete soll mit 36 000,00 EUR angesetzt werden.
Wie hoch ist das Betriebsergebnis unter Berücksichtigung der kalkulatorischen Kosten?

11 Das Reisebüro Basche ermittelte für das letzte Quartal ein Gesamtergebnis von 65 000,00 EUR. Ermitteln Sie das Betriebsergebnis unter Berücksichtigung der folgenden Angaben:
– Die Mieteinnahmen betrugen 1 500,00 EUR.
– Der kalkulatorische Unternehmerlohn soll mit monatlich 4 000,00 EUR angesetzt werden.
– Die bilanziellen Abschreibungen in Höhe von 6 000,00 EUR sollen durch kalkulatorische Abschreibungen in Höhe von 4 500,00 EUR ersetzt werden.
– Die kalkulatorischen Zinsen sollen mit 3 000,00 EUR angesetzt werden.

12.3 Kostenartenrechnung

Als erste Stufe der Kostenrechnung dient die Kostenartenrechnung der Erfassung und Gliederung der Kosten. Verdeutlicht wird, welche Kosten in der Wirtschaftsperiode angefallen sind.

Die Gliederung kann nach verschiedenen Gesichtspunkten erfolgen:

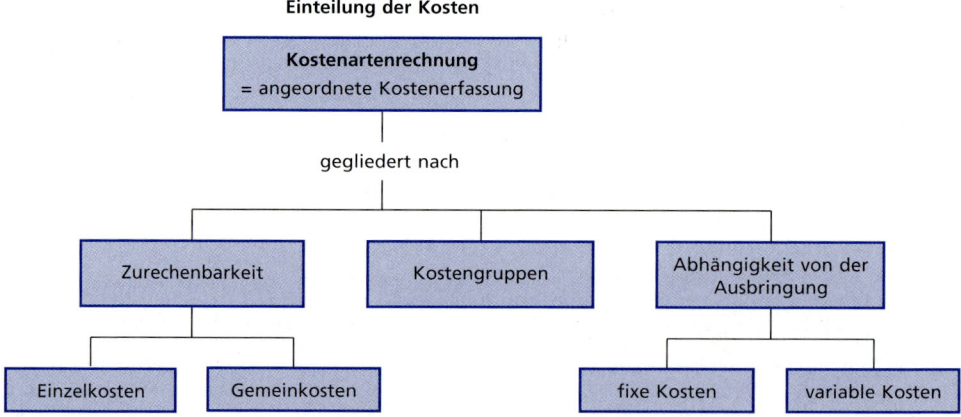

■ Gliederung nach Kostengruppen

Sachlich zusammenhängende Kostenarten werden zu übergeordneten Kostengruppen zusammengefasst. Diese Zusammenfassung erleichtert den Vergleich der Kostenentwicklung zu anderen Perioden oder zu anderen Betrieben. Die wichtigsten Kosten könnten etwa folgendermaßen zusammengefasst werden:

Kostenarten	Beispiele
Personalkosten	Löhne und Gehälter, soziale Abgaben, freiwillige soziale Aufwendungen
Reisevorleistungen	Aufwendungen für eigene Veranstaltungen durch fremde Leistungsträger
Raumkosten	Mieten, Raumpflege, Heizung
Werbekosten	Anzeigen, Prospekte, Dekorationen
Betriebsmittelkosten	Abschreibungen, Instandhaltungskosten, Kfz-Kosten
Kommunikationskosten	Telefonentgelte, START-Gebühren, Porti
Kapitalkosten	Zinsen
Abgaben, Beiträge und Versicherungsprämien	Gewerbesteuer, IHK- und DRV-Beiträge; Haftpflichtversicherungsprämien

■ Gliederung nach der Zurechenbarkeit

Die entstandenen Kosten werden hierbei auf einzelne Kostenstellen oder auf Kostenträger verteilt. Bei Unternehmen, die vorwiegend als Reisevermittler tätig sind, werden die Kosten in der Regel auf die Kostenstellen verteilt. Das sind üblicherweise die einzelnen Sparten, in denen das Reisebüro tätig wird (Touristik, Bahn, Flug usw.) Bei Reiseveranstaltern werden die Kosten den jeweiligen Kostenträgern zugerechnet. Das können einzelne Reisen, sich wiederholende Fernzielreisen oder Reisearten (z. B. Studienfahrten) sein. Dabei werden die Kosten folgendermaßen unterschieden:

Einzelkosten	Beispiele
Diese Kosten sind den einzelnen Kostenstellen/ Kostenträgern **direkt** zurechenbar	Werbekosten für den Bereich Touristik Reisevorleistungen für eine bestimmte Reise Gehalt eines Mitarbeiters, der ausschließlich Flüge verkauft

Gemeinkosten	Beispiele
Diese Kosten sind den einzelnen Kostenstellen/ Kostenträgern **nicht direkt** zurechenbar	Gehälter der Geschäftsleitung Abschreibungen für den Geschäfts-Pkw Haftpflichtversicherungsprämien des Betriebes

■ Gliederung nach der Abhängigkeit von der Ausbringung

Kosten reagieren unterschiedlich auf eine Veränderung des Absatzes, d.h. auf die Anzahl der erbrachten Vermittlungs- oder Veranstaltungsleistungen. Man unterscheidet:

Fixe Kosten	Beispiele
Diese Kosten bleiben bei Absatzschwankungen immer gleich	– Das Gehalt eines Expedienten ist unabhängig von der Zahl der verkauften Reisen. – Die Raumkosten sind unabhängig von der Zahl der verkauften Reisen.

Variable Kosten	Beispiele
Diese Kosten steigen oder sinken mit dem Umsatz	– Reisevorleistungen steigen mit der Zahl der verkauften Reisen. – Provisionen an andere Reisebüros (Vertretungskosten) steigen mit der Zahl der verkauften Reisen.

Übungsaufgaben

1 Grenzen Sie die Begriffe: Einzelkosten – Gemeinkosten
fixe Kosten – variable Kosten
voneinander ab.

2 Begründen Sie, warum
a) das Gehalt eines Buchhalters den Gemeinkosten und den fixen Kosten zuzurechnen ist,
b) ein Werbeflugblatt für eine von uns veranstaltete Reise den Einzelkosten und den variablen Kosten zuzurechnen ist.

3 Ordnen Sie die folgenden Vorgänge durch Ankreuzen in einer Tabelle nach folgendem Muster ein:

Vorgang	Einzelkosten	Gemeinkosten	fixe Kosten	variable Kosten

1. Tanken des Reisebusses
2. Stadtführer bei einer von uns veranstalteten Reise
3. Unternehmerlohn des Inhabers
4. Zahlung der Gewerbesteuer
5. Autobahngebühr bei einer von uns veranstalteten Reise
6. Übernachtungskosten bei einer von uns veranstalteten Reise
7. Provisionen an ein anderes Reisebüro
8. Allgemeine Werbeanzeige in der örtlichen Tageszeitung
9. Renovierungsarbeiten im Verkaufsbereich
10. Ausbildungsvergütung für einen Auszubildenden
11. Telefonkosten in der Abteilung „Touristik"

12.4 Kostenstellenrechnung

Während die Kostenartenrechnung einen Überblick über die Höhe und die Struktur der Kosten gibt, steht bei der Kostenstellenrechnung die Frage nach dem Ort der Kostenentstehung im Vordergrund. Denn Kosten sind nur dann wirksam beeinflussbar, wenn man weiß, wo sie entstehen und wer für ihre Entstehung verantwortlich ist.

Daher wird der Betrieb nach bestimmten Gesichtspunkten in abgegrenzte Bereiche, so genannte **Kostenstellen**, eingeteilt. Unter einer Kostenstelle versteht man einen betrieblichen Teilbereich, der kostenrechnerisch selbstständig abgerechnet wird. Die den einzelnen Kostenstellen zugeordneten Gemeinkosten werden später in der **Kostenträgerrechnung** (vgl. Abschnitt 12.5) weiterverrechnet.

Der Zusammenhang zwischen der Kostenartenrechnung, der Kostenstellenrechnung und der Kostenträgerrechnung lässt sich folgendermaßen darstellen:

Kostenstellenrechnung **131**

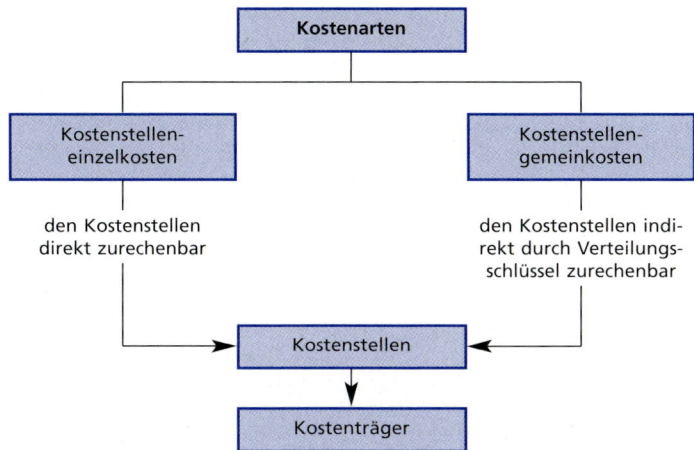

Die Einteilung der Kostenstellen erfolgt in der Regel nach der Funktion der einzelnen Bereiche. Für Reisebüros können das neben der Geschäftsleitung/Verwaltung die einzelnen Sparten wie Touristik, Flug, DB/DER, eigene Veranstaltungen usw. sein.

Auf diese Kostenstellen werden die entstehenden Kosten nach entsprechenden Hinweisen auf Belegen bzw. Eintragungen auf Kontierungsstempeln verteilt. Eine Zuordnung der Kostenstelleneinzelkosten ist ohne Schwierigkeiten möglich. So können etwa

- die Telefonkosten bei modernen Telefonanlagen einzelnen Anschlüssen (Abteilungen) zugeordnet werden,
- die Personalkosten entsprechend der Zugehörigkeit der Mitarbeiter zu den einzelnen Abteilungen umgelegt werden und
- die Raumkosten entsprechend der Raumgröße verteilt werden.

Dagegen ist eine exakte Zuordnung der Kostenstellengemeinkosten zu den einzelnen Kostenstellen nicht immer möglich, weil sie von mehreren Abteilungen oder sogar vom ganzen Betrieb verursacht werden.

Die Verteilung der Kosten erfolgt mithilfe eines Betriebsabrechnungsbogens. Das Grundschema für einen Reisevermittler könnte wie folgt aussehen:

Betriebsabrechnungsbogen

Kostenarten	Verteilungs-grundlage	Wert	Kostenstellen			
			Gesch.ltg./ Verwaltung	Touristik	DB/DER	Flug
Personalkosten	Personenzahl	140 000,00	15 000,00	60 000,00	28 000,00	37 000,00

Je nach Art und Umfang des Reisebüros können dabei weitere Kostenstellen hinzugefügt oder auch weggelassen werden.

Mithilfe des Betriebsabrechnungsbogens werden im ersten Schritt möglichst viele Kosten als Einzelkosten verteilt. Nicht zurechenbare Gemeinkosten werden einer Hilfskostenstelle zugeschlagen. Die hier entstehenden Kosten müssen ebenso wie die Kosten der Geschäftsleitung/Verwaltung vom Gesamtbetrieb erwirtschaftet werden und werden daher in einem zweiten Schritt auf die anderen Kostenstellen verteilt. Die Verteilungsgrundlage für diese Kosten können u.a. Erfahrungswerte oder das Verhältnis der Kosten auf den Hauptkostenstellen zueinander sein. In jedem Fall ist die Verteilung dieser Gemeinkosten problematisch, weil sie eine Abhängigkeit der Gemeinkosten von der Zuschlagsgrundlage unterstellen, die nicht vorhanden sein muss. So ist z.B. die Höhe der Gewerbesteuer völlig unabhängig von den Einzelkosten einer bestimmten Kostenstelle. Damit das Verfahren aber nicht zu aufwendig wird und praktikabel bleibt, müssen derartige Ungenauigkeiten in Kauf genommen werden.

> **Merke**
>
> **Vorgehensweise zum Erstellen eines Betriebsabrechnungsbogens:**
> 1. Übernahme der Kostenarten aus der Abgrenzungstabelle
> 2. Verteilung der Stelleneinzelkosten auf die verschiedenen Kostenstellen nach der jeweiligen Verteilungsgrundlage bzw. Zuordnung der nicht zurechenbaren Gemeinkosten auf eine Hilfskostenstelle
> 3. Addition der einzelnen Kostenstellen
> 4. Verteilung der Gemeinkostenstellen Geschäftsleitung/Verwaltung und Hilfskostenstelle auf die anderen Kostenstellen

Situation Die in der Abgrenzungstabelle (Seite 124) erfassten Kosten sollen mithilfe eines BAB (Seite 133) auf die einzelnen Kostenstellen verteilt werden. Dabei sind folgende Hinweise zu beachten:

1. Verteilung der Einzelkosten auf die Kostenstellen nach entsprechenden Hinweisen auf Belegen oder durch Verrechnung nach Schlüsseln bzw. Zuordnung von nicht verteilbaren Gemeinkosten auf eine Hilfskostenstelle.
2. Durch Erfahrung begründete Verteilung der Hilfskostenstelle auf die verbleibenden Kostenstellen im Verhältnis 1:2:1:1:5
3. Durch Erfahrung begründete Verteilung der Kostenstelle Geschäftsleitung/Verwaltung auf die verbleibenden Kostenstellen im Verhältnis 3:2:2:6

Es ist nicht sinnvoll, die Kostenstellenrechnung im Vermittlungsbereich weiter fortzuführen, weil hier keine Preise berechnet werden können. In der Reisebranche wird die Höhe der Provision in der Regel von den Veranstaltern vorgegeben. Sie kann von den Reisevermittlern nur in geringem Umfang beeinflusst werden, z.B. durch die Staffelprovision. Darunter versteht man, dass Reiseveranstalter bei Überschreiten festgelegter Umsatzgrenzen einen höheren Provisionssatz gewähren. Viele Reisevermittler konzentrieren sich daher auf wenige Veranstalter, um diese Umsatzgrenzen zu erreichen.

Reisevermittler müssen daher alles tun, damit die Kosten in den einzelnen Kostenstellen nicht höher werden als die gezahlten Provisionen. Dieses geschieht mit der Spartenerfolgsrechnung (siehe Abschnitt 12.6).

Im Veranstaltungsbereich sind jedoch weitere Berechnungen erforderlich, damit in der Kostenträgerrechnung ein Reisepreis für eigene Veranstaltungen ermittelt werden kann. Dazu ist es erforderlich, die in dieser Kostenstelle entstandenen Kosten in Einzelkosten und Gemeinkosten zu trennen, damit sie den einzelnen Kostenträgern zugerechnet werden können.

Kostenstellenrechnung

Betriebsabrechnungsbogen (Werte in jeweils 1 000 EUR)

Kostenart	Verteilungs-grundlage	Wert	Gesch.-ltg./Ver-waltung	Touristik	DB/DER	Flug	eigene Veran-staltung	Hilfs-kosten-stelle
Löhne u. Gehälter	Anzahl Personen	276	20	73	28	31	124	
Soziale Abgaben	Anzahl Personen	40	5	8	5	5	17	
Raumkosten	Größe der Räume	18	3	6	3	3	3	
Kommunikationsaufwendungen	Abrechnungen	48	4	16	8	6	14	
Bürosachkosten	Belege	12	3	4	2	2	1	
Werbekosten	Belege	85		29	2	2	52	
Vertretungskosten	Belege	30					30	
Steuern und Beiträge	Hilfskostenstelle	9						9
Kfz-Kosten	Belege	92	12				80	
Aufw. eigene Reiseveranst. § 25	Belege	746					746	
Kalk. Abschreibungen	Anlagekartei	195	3	4	1	1	186	
Kalk. Unternehmerlohn	Geschäftsleitung	48	48					
Kalk. Miete	Größe der Räume	60	10	20	10	10	10	
Kalk. Zinsen	Verh.: 1:2:1:1:7	72	6	12	6	6	42	
Kalk. Wagnisse	Hilfskostenstelle	21						21
Summe		1752	114	172	65	66	1305	30
Verteilung Hilfskostenstelle			3	6	3	3	15	
Verteilung Gesch.ltg./Verw.		1752	117	178	68	69	1320	
				27	18	18	54	
Kosten je Kostenstelle		1752		205	86	87	1374	

Bei einem Busreiseveranstalter gehören zu den Einzelkosten insbesondere:
- die Kosten für die Reisebusse[1] (Abschreibungen, Instandhaltungen, Betriebskosten),
- die Löhne für die Busfahrer, sofern sie auf Fahrtätigkeit entfallen und
- die Kosten für Reisevorleistungen (Unterbringung, Eintrittsgelder, evtl. Reiseleitung).

Vertretungskosten sind Provisionen, die an andere Reisebüros für den Verkauf eigener Veranstaltungen zu zahlen sind. Sie stellen Sondereinzelkosten des Vertriebs dar und sind nicht in diese Verteilung einzubeziehen. Die anderen Kosten sind Gemeinkosten, die nicht einer einzelnen Reise zuzurechnen sind.

Mit den Zahlen des Betriebsabrechnungsbogens ergeben sich:

Aufteilung der Kostenstelle „eigene Veranstaltungen" in Einzel- und Gemeinkosten

Einzelkosten	Wert	Gemeinkosten	Wert
Löhne und soziale Abgaben (soweit durch Fahrtätigkeit veranlasst)	108	sonst. Löhne, Gehälter und soz. Abg.	33
		Raumkosten	3
		Kommunikationskosten	14
kalk. Abschreibungen für Reisebusse	180	Bürosachkosten	1
Kfz-Kosten (soweit sie auf Reisebusse entfallen)	72	Werbekosten	16
		sonst. Kfz-Kosten	8
		kalk. Abschreibungen	6
Reisevorleistungen	746	kalk. Miete	10
Werbekosten (soweit einzelnen Reisen direkt zurechenbar)	36	kalk. Zinsen	42
		Anteil der Hilfskostenstelle	15
Vertretungskosten	30	Anteil der Gesch.ltg/Verwaltung	54
Summe der Einzelkosten	**1 172**	**Summe der Gemeinkosten**	**202**

Für die Kalkulation der Preise muss auf die Einzelkosten ein Gemeinkostenzuschlag hinzugerechnet werden. Der Zuschlagssatz[2] wird mit der folgenden Formel ermittelt:

$$\text{Gemeinkostenzuschlagssatz} = \frac{\text{Summe der Gemeinkosten} \cdot 100}{\text{Summe der Einzelkosten}}$$

Für diesen Fall ergibt sich ein Gemeinkostenzuschlagssatz von $\frac{202 \cdot 100}{1\,172} = 17{,}24\,\%$ (kfm. Rundung). Busreiseveranstalter benötigen weitere Werte, um die Kostenträgerrechnung durchführen zu können. Da die Reisebusse bei den einzelnen Reisen in unterschiedlichem Umfang eingesetzt werden, muss man kleinere Recheneinheiten bilden, um kalkulieren zu können.

Die Kosten für den Einsatz von Reisebussen bei eigenen Veranstaltungen können entfernungsbezogen und/oder zeitbezogen sein. Je nach Art der Reise wird eine entsprechende Grundlage gewählt. Bei Fernreisen steht sicherlich die Beförderung der Reisenden im Vordergrund. Der Bus legt lange Strecken zurück, daher muss hier eine andere Berechnungsgrundlage gewählt werden als bei Tagesausflügen, bei denen der Bus möglicherweise längere Zeiträume nicht bewegt wird.

■ Entfernungsbezogene Kostenermittlung

In dieser Rechnung werden die Kosten für 1 km Busreise ermittelt. Würde man ausschließlich entfernungsbezogen abrechnen, so müssten alle entstandenen Buskosten (einschließlich der Personalkosten der eingesetzten Busfahrer) auf die gefahrenen Kilometer verteilt werden.

---

[1] Die Aufwendungen für Reisebusse können nicht direkt einem Kostenträger (einer Reise) zugerechnet werden. Die Zurechnung erfolgt indirekt über km-Sätze bzw. Tagessätze. Diese stellen aber Einzelkosten dar.
[2] Streng genommen handelt es sich beim Zuschlagssatz um einen Bestandteil der Kostenträgerrechnung.

In unserem Beispiel betragen diese Kosten 360 000,00 EUR. Unterstellt man, dass die vorhandenen drei Reisebusse jährlich jeweils 80 000 km zurücklegen, so ergibt sich:

$$\text{km-Kosten} = \frac{360\,000}{240\,000} = \underline{\underline{1{,}50\ \text{EUR}}}$$

■ Zeitbezogene Kostenermittlung

In dieser Rechnung werden die Kosten für einen Tag der Nutzung ermittelt. Bei ausschließlich zeitbezogener Abrechnung müssen wiederum alle Buseinzelkosten auf die Zahl der Einsatztage verteilt werden. Unterstellt man, dass die drei Busse insgesamt 600 Tage genutzt werden, so ergibt sich:

$$\text{Tageskosten} = \frac{360\,000}{600} = \underline{\underline{600{,}00\ \text{EUR}}}$$

Kaum ein Veranstalter kann ausschließlich die eine oder die andere Methode anwenden. Er muss, abhängig vom Einsatz seiner Fahrzeuge, für seinen Betrieb entscheiden, welchen Teil der Kosten er über die Entfernung und welchen Teil er über die Zeit abrechnet. Würde er mit einer 50:50 Aufteilung arbeiten, würden sich beide Sätze halbieren.

Merke
- In der Kostenstellenrechnung werden die entstandenen Kosten auf die Kostenstellen, von denen sie verursacht wurden, verteilt.
- Zweck der Kostenstellenrechnung ist eine bessere Kostenkontrolle durch Zuordnung zu einem bestimmten Verantwortungsbereich.
- Hilfsmittel zur Verteilung ist der Betriebsabrechnungsbogen.
- Im Veranstalterbereich müssen die dort verursachten Kosten in Einzelkosten, die einem bestimmten Kostenträger zuzuordnen sind, und in Gemeinkosten aufgeteilt werden.
- Man ermittelt den für die Preiskalkulation erforderlichen Gemeinkostenzuschlagssatz mit der Formel

$$\text{Gemeinkostenzuschlagssatz} = \frac{\text{Gemeinkosten} \cdot 100}{\text{Einzelkosten}}$$

Übungsaufgaben

1 Erläutern Sie den Zusammenhang zwischen Kostenarten- und Kostenstellenrechnung.

2 Wie können die folgenden Kosten auf die Kostenstellen verteilt werden: Telefonentgelte, Werbekosten, Mietzahlungen für Geschäftsräume, kalk. Abschreibungen auf die BGA, Personalkosten?

3 Welche Gemeinkosten können einzelnen Kostenstellen nicht zugeordnet werden? Nennen Sie drei Beispiele und begründen Sie Ihre Ansicht.

4 In der Abgrenzungstabelle des Reisebüros Karl Eberle wurden die folgenden Kosten ermittelt:

	EUR		EUR
Personalkosten	125 000,00	Raumkosten	9 400,00
Kommunikationskosten	9 800,00	sonstige Kosten	6 950,00
Werbekosten	3 850,00	kalk. Abschreibungen	6 900,00
Bürosachkosten	1 600,00	kalk. Zinsen	8 400,00

Führen Sie mithilfe eines Betriebsabrechnungsbogens die Kostenstellenrechnung durch. Die Kosten sind wie folgt zu verteilen:

Kostenart	Schlüssel	Kostenstellen			
		Verwaltung	Touristik	DB	eig. Veran.
Personalkosten	Personen	1	2	1	1
Raumkosten	qm	15	30	15	20
Kommunikationskosten	Belege	580	4 200	2 950	2 070
Werbekosten	Anteile	0	4	0	3
Bürosachkosten	Anteile	1	3	2	1

Die übrigen Kosten können den einzelnen Kostenstellen nicht zugeordnet werden.
Die Hilfskostenstelle soll gleichmäßig auf die verbleibenden Kostenstellen verteilt werden.
Die Verteilung der Verwaltungsgemeinkosten soll im Verhältnis 3:2:1 auf die Kostenstellen „Touristik", „DB" und „eigene Veranstaltungen" erfolgen.

5 In der Abgrenzungstabelle des Reisebüros Sonnen-Reisen wurden die folgenden Werte ermittelt:

	EUR		EUR
Personalkosten	186 000,00	Raumkosten	14 400,00
Kommunikationskosten	11 600,00	Werbekosten	4 950,00
Bürosachkosten	2 800,00	Steuern, Versicherungsprämien	1 900,00
sonstige Kosten	7 860,00	kalk. Unternehmerlohn	42 000,00
kalk. Abschreibungen	12 200,00		

Führen Sie mithilfe eines Betriebsabrechnungsbogens die Kostenstellenrechnung durch. Die Kosten sind wie folgt zu verteilen:

Kostenart	Schlüssel	Kostenstellen			
		Verwaltung	Touristik	Flug	eig. Veran.
Personalkosten	Personen	1	2	2	1
Raumkosten	qm	12	21	24	15
Kommunikationskosten	Belege	600	5 800	3 900	1 300
Werbekosten	Anteile	0	4	3	3
Bürosachkosten	Anteile	2	3	1	1
kalk. Unternehmerlohn	Anteile	2	0	0	1

Die übrigen Kosten können den einzelnen Kostenstellen nicht zugerechnet werden.
Die Hilfskostenstelle soll im Verhältnis 2:3:2:3 auf die verbleibenden Kostenstellen verteilt werden. Die Verteilung der Verwaltungsgemeinkosten soll im Verhältnis 3:2:1 auf die Kostenstellen „Touristik", „Flug" und „eigene Veranstaltungen" erfolgen.

6 In der Kostenstelle „eigene Veranstaltungen" entstanden im abgelaufenen Jahr direkt zurechenbare Kosten in Höhe von 2 460 000,00 EUR (145 620,00 EUR). Nicht direkt zurechenbar waren 621 000,00 EUR (42 320,00 EUR). Berechnen Sie die Gemeinkostenzuschlagssätze.

7 In der Kostenstelle „eigene Veranstaltungen" entstanden in der abgelaufenen Periode die folgenden Kosten:

Reisevorleistungen	88 600,00 EUR
direkt zurechenbare Löhne und Gehälter	33 500,00 EUR
nicht direkt zurechenbare Löhne und Gehälter	4 000,00 EUR
Raumkosten	3 600,00 EUR
Kommunikationskosten	2 100,00 EUR
kalk. Abschreibungen für Reisebusse	24 000,00 EUR
sonst. kalk. Abschreibungen	1 800,00 EUR
Werbekosten für einzelne Reisen	4 200,00 EUR
Steuern und Beiträge	1 400,00 EUR
direkt zurechenbare Kfz-Kosten	18 200,00 EUR
nicht direkt zurechenbare Kfz-Kosten	1 700,00 EUR

1. Wie viel EUR betragen die Einzelkosten und die Gemeinkosten.
2. Berechnen Sie den Gemeinkostenzuschlagssatz.

8 Ein Busreiseveranstalter setzte im vergangenen Jahr seine Busse folgendermaßen ein:
  4 Busse im Fernreiseverkehr (durchschnittliche Fahrleistung je 90 000 km)
  1 Bus für Tagesausflüge (Einsatzzeit 200 Tage)
Die gesamten direkt zurechenbaren Buskosten betrugen 660 000 EUR.
1. Wie hoch ist der km-Satz für die Busse im Fernreiseverkehr?
2. Wie hoch ist der Tagessatz für den anderen Bus?

9 Beim Busreiseveranstalter Fern-Reisen wurden im abgelaufenen Jahr durchschnittliche Gesamtkosten (einschl. der Fahrerkosten) für einen Reisebus in Höhe von 135 000,00 EUR ermittelt. Die durchschnittliche Fahrleistung eines Busses betrug 84 000 km und die durchschnittliche Einsatzzeit 185 Tage. Der Veranstalter hat bisher eine Aufteilung in entfernungs- und zeitabhängige Kosten von 50 : 50 vorgenommen. Es hat sich jedoch gezeigt, dass diese Aufteilung nicht mehr zutrifft. Daher soll zukünftig im Verhältnis 40 : 60 aufgeteilt werden.
a) Nennen Sie Gründe, die zu einer Veränderung des Aufteilungsverhältnisses führen können.
b) Berechnen Sie die ursprünglichen und die zukünftigen Kosten je km und je Tag.

12.5 Kostenträgerrechnung

In der **Kostenträgerrechnung** werden den einzelnen Leistungen (selbst veranstaltete Reisen) die Kosten zugerechnet, die auf sie entfallen. Die Zurechnung der Kosten erfolgt direkt oder indirekt über Zuschlagssätze. Ziel der Kostenträgerrechnung ist es, die Selbstkosten für eigene Leistungen zu ermitteln. Diese Selbstkosten sind für die Berechnung der Preise für eigene Reiseveranstaltungen von grundlegender Bedeutung. Ziel jedes Reiseveranstalters muss es sein, langfristig alle entstandenen Kosten über erzielte Preise zu decken. Damit muss der Reiseveranstalter von seinen Kunden mindestens die Selbstkosten verlangen.

> **Beispiel** Das Reisebüro A. Globus plant eine 6-tägige Busreise auf die Insel Rügen. Man geht von folgenden Werten aus:
> – Fahrstrecke : 1640 km   – Kosten je km : 0,75 EUR
> – Einsatzzeit des Reisebusses : 6 Tage   – Tageskosten : 300,00 EUR
> – Reiseleitung vor Ort : 250,00 EUR   – Unterbringungskosten je Nacht/Person : 30,00 EUR
> – Eintrittsgelder je Person : 20,00 EUR   – Teilnehmerzahl : 40
> – Gemeinkostenzuschlagssatz : 26,1 %

Die Selbstkosten werden mittels einer Zuschlagskalkulation folgendermaßen berechnet:

```
Buskosten     = 1640 km zu 0,75 EUR = 1 230,00 EUR
                6 Tage zu 300,00 EUR = 1 800,00 EUR
Reiseleitung                        =   250,00 EUR
                                     3 280,00 EUR

  davon anteilig je Reisegast (1/40)    82,00 EUR
+ Übernachtungskosten (5 Nächte)       150,00 EUR
+ Eintrittsgelder                       20,00 EUR
= Grundkosten                          252,00 EUR
+ 26,1 % Gemeinkostenzuschlag           65,78 EUR
= Selbstkosten je Person               317,78 EUR
```

> **Merke**
> - Die Kostenträgerrechnung dient der Ermittlung der Selbstkosten für eine veranstaltete Reise.
> - Die Selbstkosten setzen sich aus den Grundkosten (Kosten für die Reisevorleistungen und weitere direkt zurechenbare Kosten) und den Gemeinkosten zusammen.
> - Die Gemeinkosten werden im Allgemeinen mithilfe eines Zuschlagssatzes auf der Grundlage der Grundkosten ermittelt.

Übungsaufgaben

1 Das Reisebüro Sonnen-Reisen, Hannover, plant für einen Kegelclub eine Busreise zum Kölner Karneval. Es werden folgende Werte zugrunde gelegt:
Kosten für angemieteten Bus: 800,00 EUR
Unterbringungskosten je Person: 120,00 EUR
Teilnehmerzahl: 30
Gemeinkostenzuschlagssatz: 29,3 %
Berechnen Sie die Selbstkosten insgesamt und je Teilnehmer.

2 Das Reisebüro Karl Eberle, Stuttgart, plant eine viertägige Busreise „Königsschlösser Ludwig II". Es werden folgende Werte zugrunde gelegt:
Fahrstrecke: 1 380 km   Kosten je km: 0,80 EUR
Einsatzzeit des Reisebusses: 4 Tage   Tageskosten: 280,00 EUR
Eintrittsgelder je Person: 26,00 EUR   Unterbringungskosten je Nacht/Person: 34,00 EUR
Teilnehmerzahl: 45   Gemeinkostenzuschlagssatz: 27,6 %
Berechnen Sie die Selbstkosten insgesamt und je Teilnehmer.

12.6 Spartenerfolgsrechnung

Durch die Spartenerfolgsrechnung kann der Unternehmer ermitteln, wie erfolgreich die einzelnen Abteilungen (Sparten) seines Unternehmens waren. Den Leistungen der einzelnen Abteilungen (Kostenstellen) werden die dort entstandenen Kosten gegenübergestellt. Die Differenz stellt den Erfolg der einzelnen Sparte dar.

Dadurch erhält die Geschäftsleitung einen genauen Überblick über den Beitrag der einzelnen Abteilungen zum Betriebsergebnis. Sie kann schnell feststellen, welche Stellen positiv oder negativ zum Betriebsergebnis beigetragen haben. So können in weniger erfolgreichen Abteilungen Schritte zur Verbesserung des Ergebnisses vorgenommen werden, z.B. Rationalisierungsmaßnahmen oder eine Intensivierung der Werbung. Sollte langfristig keine Besserung zu erwarten sein, wäre es überlegenswert, auf eine verlustreiche Sparte zu verzichten.

Mithilfe des Betriebsabrechnungsbogens wurden **alle** Kosten des Betriebes, auch die dem Gesamtbetrieb zuzurechnenden Kosten, auf die Kostenstellen verteilt. Dieses Verfahren bezeichnet man als **Vollkostenrechnung** (vgl. auch Abschnitt 13.1).

Bei Anwendung dieses Verfahrens ergibt sich beim Reisebüro Globus mit den Zahlen der Abgrenzungsrechnung (Seite 124) und des Betriebsabrechnungsbogens (Seite 131) folgende

Spartenerfolgsrechnung (Vollkostenrechnung), Werte in TEUR

	gesamt	Touristik	DB/DER	Flug	eigene Veranstaltung
Leistungen je Abteilung	1 797	364	95	136	1 202
Gesamtkosten lt. BAB	1 752	205	86	87	1 374
Abteilungsergebnis		159	9	49	− 172
Betriebsergebnis	45				

Aus dieser Rechnung lassen sich u.a. folgende Schlussfolgerungen ziehen:
- Der Beitrag der einzelnen Abteilungen zum Betriebsergebnis ist unterschiedlich hoch. Ein wesentlicher Grund dafür dürfte die Anzahl der Mitarbeiter im Reisevermittlerbereich sein (3:1:1).
- Der Bereich DB/DER erwirtschaftet im Vergleich zu den anderen Mittlerbereichen nur sehr wenig. Hier ist zu überlegen, ob z.B. durch Werbemaßnahmen der Absatz gesteigert werden kann. Es muss genau überlegt werden, ob diese Abteilung geschlossen wird, solange sie noch einen positiven Beitrag zum Betriebsergebnis leistet. Der Fahrkartenverkauf dient durchaus der Kundenbindung und Kunden, die ihre Fahrkarten erst einmal in einem anderen Reisebüro kaufen, werden früher oder später auch dort ihre Reisen buchen.
- Völlig unbefriedigend ist der Erfolg der Abteilung „eigene Veranstaltungen", denn in dieser Abteilung entsteht ein hoher Verlust. In dieser Abteilung ist die Kapitalbindung am höchsten. Außerdem sind hier die meisten Mitarbeiter beschäftigt. Die Gründe für das schlechte Abschneiden müssen genauer untersucht werden. Mögliche Ansatzpunkte sind:
  – Ist eine Umsatzsteigerung durch bessere Werbung möglich?
  – Sind die Reiseziele attraktiv genug?
  – Werden mit den einzelnen Reisen Überschüsse erzielt?
  – Sind Rationalisierungen durchführbar?

Man muss aber auch die Frage stellen, ob die Anwendung der Vollkostenrechnung optimal ist. Bei diesem Verfahren werden die einzelnen Abteilungen mit Gemeinkosten belastet, die vom Gesamtbetrieb zu tragen sind und nicht von der einzelnen Abteilung. Für unseren Fall bedeutet das, dass der Gewinn der Abteilung „eigene Veranstaltungen" durch die Hinzurechnungen eines höheren Gemeinkostenanteils relativ stärker gemindert wurde.

Diese Überlegungen haben zur Entwicklung einer **Teilkostenrechnung** geführt, bei der die Gemeinkosten, die dem Gesamtbetrieb zuzurechnen sind, vorerst nicht berücksichtigt werden. Die jetzt „richtigen" Abteilungsgewinne werden als **Deckungsbeiträge** bezeichnet, die zur Deckung des verbliebenen Gemeinkostenblocks verwendet werden.

Werden nur die Kosten berücksichtigt, die in den einzelnen Abteilungen entstanden sind, ergibt sich folgende

Spartenerfolgsrechnung (Teilkostenrechnung), Werte in TEUR

	gesamt	Touristik	DB/DER	Flug	eigene Veranstaltung
Leistungen je Abteilung	1 797	364	95	136	1 202
Abteilungskosten lt. BAB	1 608	172	65	66	1 305
Abt.ergebnis = Deckungsbeitrag	189	192	30	70	–103
– Gemeinkosten Gesch.ltg./Verw.	114				
– Gemeinkosten Hilfskostenstelle	30				
Betriebsergebnis	45				

Die Interpretation dieser Rechnung kann zu durchaus anderen Ergebnissen führen. Die einzelnen Abteilungen erzielen auch hier unterschiedliche Ergebnisse. Allerdings sind die Unterschiede bei weitem nicht so ausgeprägt wie bei der Vollkostenrechnung.

Durch diese Art der Teilkostenrechnung ist es für Reisebüros möglich, die einzelnen Abteilungen als Pofit-Center zu führen. Jedes dieser Profit-Center soll eigenverantwortlich einen möglichst hohen Gewinn erwirtschaften. Die Motivation der Mitarbeiter wird durch die höhere Verantwortung gestärkt. Sie sind angehalten, in ihrem Bereich kostengünstig und erfolgsorientiert zu arbeiten. Das kann durch die Vorgabe von Sollwerten, z.B. durch Budgetierung der Kosten oder zu erreichende Umsatzzahlen, noch verstärkt werden.

Merke

- Bei der Spartenerfolgsrechnung werden die in den einzelnen Abteilungen erzielten Leistungen (Erlöse) den dort entstandenen Kosten gegenübergestellt. Die Differenz stellt den Erfolg einer Abteilung dar.
- Durch die Spartenerfolgsrechnung kann der Beitrag einer Abteilung zum Betriebsergebnis festgestellt werden.
- Bei Anwendung der Vollkostenrechnung werden bei der Ermittlung des Abteilungsgewinns nicht nur die in dieser Abteilung entstandenen Kosten berücksichtigt, sondern auch die Gemeinkosten, die dem Gesamtbetrieb zuzurechnen sind.
- Bei der Teilkostenrechnung werden nur die in den einzelnen Abteilungen entstandenen Kosten berücksichtigt. Die Abteilungsgewinne (Deckungsbeiträge) werden zur Deckung der Gemeinkosten verwendet, die vom Gesamtbetrieb verursacht wurden.
- Unter Profit-Centern versteht man eigenverantwortlich wirtschaftende Einheiten des Gesamtunternehmens.

Übungsaufgaben

1 Die Betriebsabrechnungsbogen und die Abgrenzungstabellen des Reisebüros Fern-Reisen liefern in zwei aufeinander folgenden Jahren die folgenden Werte:

Kostenstelle	Jahr 01 TEUR	Jahr 02 TEUR	Leistungen	Jahr 01 TEUR	Jahr 02 TEUR
Verwaltung	140	160	Erlöse Touristik		
Touristik	685	720	Reisevermittlung	920	988
Flug	156	125	Erlöse Flugverkehr	175	160
eigene Veranstaltungen	950	940	Erlöse eigene		
Hilfskostenstelle	42	46	Veranstaltungen	1 264	1 218

Die Hilfskostenstelle ist gleichmäßig auf die anderen Kostenstellen zu verteilen. Die Kosten der Verwaltung sollen im Verhältnis 2:1:3 auf die verbleibenden Kostenstellen verteilt werden.

a) Führen Sie die Spartenerfolgsrechnung nach dem Vollkosten- und dem Teilkostenverfahren durch.
b) Welche Schlüsse lassen sich aus den einzelnen Ergebnissen ziehen?
c) Ermitteln Sie die absoluten und die prozentualen Änderungen der Abteilungsergebnisse und der Betriebsergebnisse von Jahr 01 zu Jahr 02.
d) Nennen Sie mögliche Gründe für die Änderungen.

13 Vollkostenrechnung oder Teilkostenrechnung

Situation Wegen einer anhaltend hohen Nachfrage plant das Reisebüro A. Globus eine bereits mehrfach durchgeführte Reise nach Rügen (vgl. Beispiel Seite 137) zu wiederholen. Die Reise wurde bisher für 340,00 EUR netto angeboten.

Dieser Preis wäre auch diesmal bei der Teilnahme von 40 Personen wieder erzielbar. Allerdings kann diesmal kein eigener Bus eingesetzt werden, weil keine freien Kapazitäten vorhanden sind. Die Anmietung eines fremden Busses ist mit 3 900,00 EUR zu veranschlagen.

Albert Globus überlegt, ob die Reise durchgeführt werden soll.

13.1 Grenzen der Vollkostenrechnung

Bei der Kostenträgerrechnung als Vollkostenrechnung werden alle entstanden Kosten, d.h. die Einzel- und die Gemeinkosten, in die Selbstkosten eingerechnet. Der Grundgedanke dabei ist, dass langfristig alle Kosten über die Preise an den Betrieb zurückfließen müssen, wenn der Betrieb nicht in seiner Existenz gefährdet werden soll.

Führt man für die Situation eine Berechnung nach der Vollkostenrechnung durch, ergibt sich (Werte teilweise aus Beispiel Seite 137)

Gesamterlöse		13 600,00 EUR
Kosten für angemieteten Bus	3 900,00 EUR	
+ Übernachtungskosten (40 · 5 · 30,00)	6 000,00 EUR	
+ Eintrittsgelder (40 · 20,00)	800,00 EUR	
+ Reiseführer vor Ort	250,00 EUR	
= Reisevorleistungen	10 950,00 EUR	
+ Gemeinkosten 26,1%	2 857,95 EUR	
= Selbstkosten		13 807,95 EUR
Verlust		207,95 EUR

Nach dieser Rechnung wird Albert Globus diese Reise nicht durchführen, weil sie einen Verlust bringt. Die Ursachen für diesen Verlust liegen neben den höheren Buskosten vor allem in den rein rechnerisch gestiegenen Gemeinkosten.

Durch die Ermittlung und Anwendung eines Gemeinkostenzuschlagssatzes wird ein Zusammenhang zwischen Einzelkosten und Gemeinkosten unterstellt, der nicht immer vorhanden ist. Man unterstellt, dass sich die fixen und variablen Teile der Gemeinkosten im gleichen Umfang verändern wie die Zuschlagsgrundlage. Das ist aber nicht der Fall, weil die Gemeinkosten zu einem großen Teil aus fixen Kosten bestehen. Bei Anwendung der Vollkostenrechnung kommt es dann zu unrealistischen Ergebnissen. So führt z.B. die Preiserhöhung einer Reisevorleistung automatisch zu einer Erhöhung der Gemeinkosten und damit zu überproportional erhöhten Selbstkosten.

> **Beispiel** Das Reisebüro A. Globus ermittelt die Selbstkosten einer selbst veranstalteten Reise mithilfe der Zuschlagskalkulation auf die Reisevorleistungen. Der Gemeinkostenzuschlagssatz beträgt 30,2%. Die ursprünglichen Reisevorleistungen betragen 1 000,00 EUR. Durch eine Preiserhöhung des Vertragshotels steigen die Reisevorleistungen auf 1 100,00 EUR.

	Ursprüngliche Kalkulation	Neue Kalkulation
Reisevorleistungen	1 000,00 EUR	1 100,00 EUR
+ 30,2% Gemeinkosten	302,00 EUR	332,20 EUR
Selbstkosten	1 302,00 EUR	1 432,20 EUR

Die verrechneten Gemeinkosten haben sich um 30,20 EUR erhöht, obwohl sie realistisch betrachtet unverändert geblieben sind.

Die Kalkulation des Reisepreises kann so durch den nicht gerechtfertigten Gemeinkostenanteil zu Preisen führen, die vom Markt nicht mehr akzeptiert werden. Damit ist die Vollkostenrechnung bei der Preisermittlung nur begrenzt einsetzbar.

> **Merke**
> - **Vorteil** der Vollkostenrechnung ist die Verrechnung aller entstanden Kosten auf die Preise der eigenen Reisen. Dies ist langfristig erforderlich, damit der Betrieb weiter existieren kann.
> - **Nachteil** der Vollkostenrechnung ist die Einbeziehung der Gemeinkosten, die von einer Abteilung allein nicht verursacht wurden. Dadurch kann es zu überhöhten Preisen kommen, die kurzfristig auf dem Markt nicht zu erzielen sind.

13.2 Teilkostenrechnung

Die Teilkostenrechnung lässt bei der Kalkulation die **fixen Kosten** vorerst außer Acht. Fixe Kosten entstehen in jedem Fall, egal ob das Unternehmen eine Leistung, hier eine selbst veranstaltete Reise, erbringt oder nicht. **Variable Kosten** fallen dagegen nur dann an, wenn die Leistung erbracht wird und sie steigen mit der Zahl der Reiseteilnehmer.

Die Vorgehensweise der Teilkostenrechnung ist genau entgegengesetzt derjenigen der Vollkostenrechnung. Während dort über die Ermittlung der Selbstkosten ein Preis ermittelt wird, geht die Teilkostenrechnung davon aus, dass sich die Preise am Markt bilden. Durch die erzielten Preise sollen die entstandenen Kosten gedeckt werden. Da die fixen Kosten in jedem Fall bestehen, muss es vorrangiges Ziel sein, zuerst die variablen Kosten zu decken. Sie bilden die absolute Preisuntergrenze. Gelingt es dem Unternehmen nicht, diesen Preis zu erzielen, ist es sinnvoller, die Veranstaltung nicht durchzuführen, weil sich dadurch nur der Verlust vergrößert. Jeder Betrag, der über diese variablen Kosten hinausgeht, trägt zur Deckung der fixen Kosten bei.

Von den Preisen werden nacheinander Kostenbestandteile abgezogen. Die hierbei entstehenden Werte tragen als Deckungsbeiträge zur Deckung der fixen Kosten bei. Beim Reisebüro Globus sind die in der Kostenstelle „eigene Veranstaltungen" entstandenen Gemeinkosten überwiegend als fix anzusehen. Lediglich geringe Teile der Kommunikationskosten, der Bürosachkosten und der Werbekosten können als variable Kosten eingestuft werden. Sie können hier vorerst vernachlässigt werden.

Überprüft man die Frage nach der Beantwortung der Rügenreise (Situation) mithilfe der Teilkostenrechnung ergibt sich:

Gesamtumsatz	13 600,00 EUR
– Reisevorleistungen (= variable Kosten)	10 950,00 EUR
= Deckungsbeitrag	2 650,00 EUR

Teilkostenrechnung **143**

Auf Grundlage dieser Rechnung kann sich Albert Globus für die Durchführung der Reise entscheiden, weil durch diese Reise 2 650,00 EUR der fixen Kosten gedeckt werden. Dafür müssen aber höhere Deckungsbeiträge anderer Reisen für einen Ausgleich sorgen. Die Deckungsbeiträge aller Reisen müssen mindestens die fixen Kosten ausgleichen. Sind die fixen Kosten bereits durch andere Reisen gedeckt worden, erhöht sich das Betriebsergebnis durch den erzielten Deckungsbeitrag.

Merke
- Mithilfe der Teilkostenrechnung wird ermittelt, welcher Teil der Erlöse zur Deckung der fixen Kosten und zum Gewinn beiträgt.
- Deckungsbeitrag = Erlöse − variable Kosten.
- Betriebsergebnis = Summe der Deckungsbeiträge − Summe der fixen Kosten
- Mithilfe der Deckungsbeitragsrechnung kann entschieden werden, ob eine Reise durchgeführt werden kann, obwohl nicht alle Kosten gedeckt werden. Dabei ist als absolute Preisuntergrenze die Höhe der variablen Kosten anzusehen. Eine Reise, die nicht die variablen Kosten deckt, kann nicht durchgeführt werden.
- Die Teilkostenrechnung ist eine kurzfristige Rechnung. Langfristig müssen durch den Verkauf von Reisen mindestens die Selbstkosten erlöst werden.

■ Deckungsbeitrag II

Die Deckungsbeitragsrechnung kann weiter verfeinert werden, indem man den so genannten Deckungsbeitrag II[1] ermittelt. Dieser berücksichtigt neben den variablen Kosten (Reisevorleistungen) auch die **fixen Produktkosten** und die **variablen Gemeinkosten**. Fixe Produktkosten sind die Kosten, die nur für die jeweilige Reise anfallen, z. B. Werbekosten für diese Reise. Variable Gemeinkosten sind Kosten, die man grundsätzlich auch als Einzelkosten erfassen könnte, deren Erfassung aber zu umständlich und aufwendig ist, z. B. Büromaterial, das für eine Reise benötigt wird u. ä.

Schema für die Ermittlung des Deckungsbeitrags II

Erlöse
− variable Kosten
Deckungsbeitrag I
− fixe Produktkosten
− variable Gemeinkosten
Deckungsbeitrag II

Beispiel Das Reisebüro A. Globus veranstaltete eine Busreise an die Mosel. Diese Reise erbrachte einen Gesamterlös von 5 000,00 EUR. Die Reisevorleistungen betrugen 3 200,00 EUR. Für diese Reise wurde eine Anzeige in der örtlichen Zeitung veröffentlicht, die 150,00 EUR kostete. Die variablen Gemeinkosten betrugen 120,00 EUR.

Erlöse	5 000,00 EUR
− variable Kosten	3 200,00 EUR
Deckungsbeitrag I	1 800,00 EUR
− fixe Produktkosten	150,00 EUR
− variable Gemeinkosten	120,00 EUR
Deckungsbeitrag II	1 530,00 EUR

---

[1] Ist nur von „Deckungsbeitrag" die Rede, ist immer der Deckungsbeitrag I gemeint.

■ Yield Management

Alle Unternehmen haben die Absicht, einen **optimalen Ertrag** zu erwirtschaften. Bei Reiseveranstaltern ist das im Allgemeinen dann der Fall, wenn die vorhandenen Kapazitäten voll ausgelastet sind. Eine Methode zur Erreichung dieses Zieles ist das so genannte **Yield Management**.

Die Deckungsbeitragsrechnung kann ein sehr nützliches Instrument zur Vermeidung freier Kapazitäten sein. Fast der gesamte Veranstalterbereich ist gekennzeichnet durch einen sehr hohen Fixkostenanteil. So sind für eine Fluggesellschaft die Kosten eines Fluges nahezu völlig unabhängig von der Zahl der mitfliegenden Passagiere, weil die variablen Kosten (Teile der Treibstoffkosten, Teile des Handlings) verglichen mit den fixen Kosten sehr gering sind. Ähnliches gilt für Hotels oder für fest vereinbarte Kontingente bei den Pauschalreiseveranstaltern. Daher ist es für sie von entscheidender Bedeutung, dass die Kapazitäten möglichst ausgelastet sind.

Diese Unternehmen versuchen, freie Kapazitäten durch niedrigere Preise abzubauen. Last-Minute-Reisen, Wochendpreise bei Hotels oder das Wochenendticket der Bahn sind Beispiele dafür. Kostenrechnerisch ist der Verkauf von Restplätzen dann sinnvoll, wenn der Verkauf an einen zusätzlichen Reisenden/Gast einen positiven Deckungsbeitrag ergibt.

Alle Veranstalter bemühen sich, die Kapazitäten durch eine sehr detaillierte Planung von vornherein auf das erforderliche Maß zu begrenzen. Sollten sie aber doch einmal zu groß sein, wird jeder zur Verfügung stehende Platz, wenn erforderlich, mit erheblichen Preisabschlägen verkauft. Teilweise werden sogar Überbuchungen einkalkuliert, damit durch „voraussehbare" Absagen eine möglichst hohe Auslastung der Kapazität erreicht wird.

Es muss aber immer bedacht werden, dass durch solche Aktionen der Normal-Zahler verärgert werden kann. Möglicherweise besteht auch dieser auf niedrigeren Preisen oder er wechselt zu anderen Veranstaltern. Zu überlegen ist auch, ob durch eine Verschleuderung der Restplätze zu Dumping-Preisen nicht das gesamte Preisgefüge nachhaltig gestört wird. Das wäre dann der Fall, wenn niemand mehr bereit ist, zu einem kostendeckenden Preis zu fliegen, zu verreisen oder zu übernachten.

Für welche Strategie man sich entscheidet, ob man Preisaktivitäten ergreift oder mit knappen Kapazitäten arbeitet, ist letztlich eine geschäftspolitische Entscheidung, in die auch Marktsituationen, Verbraucher- und Wettbewerberverhalten mit einbezogen werden müssen.

13.3 Break-even-Point-Analyse

Ist die Summe der Deckungsbeiträge genau so hoch wie die Summe der fixen Kosten, erreicht der Betrieb die **Gewinnschwelle** oder den **Break-even-Point**. An diesem Punkt sind die Erlöse genau so hoch wie die Kosten.

Diese für den ganzen Betrieb wichtige Aussage ist für den Reiseveranstalter erst in zweiter Linie interessant. Für ihn ist wichtig, für jede Reise, u.U. auch für jedes Reiseziel (z.B. Spanien) oder jede Reiseart (z.B. Studienreise), die Gewinnschwelle zu kennen. Die Gewinnschwelle gibt immer die langfristige Preisuntergrenze für eine Reise an. Die Summe der von allen Teilnehmern gezahlten Reisepreise muss mindestens so hoch sein wie die entstandenen Gesamtkosten.

Die Gewinnschwelle wird immer bei der sog. **kritischen Teilnehmerzahl** überschritten. Bei der nachstehenden Grafik wird der Break-even-Point bei einer Teilnehmerzahl von 25 erreicht. Bei dieser Zahl sind Kosten und Erlöse gleich groß. Eine geringere Teilnehmerzahl bedeutet einen Verlust. Mit dem sechsundzwanzigsten Teilnehmer beginnt der Veranstalter, Geld zu verdienen.

Break-even-Point-Analyse

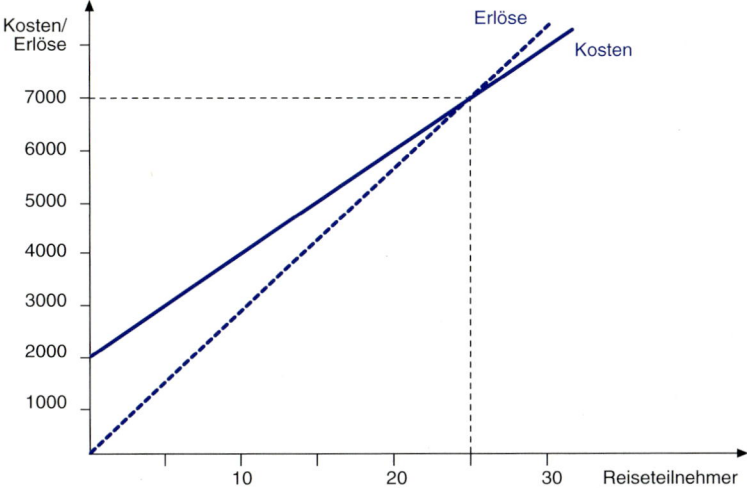

Rechnerisch wird die kritische Teilnehmerzahl folgendermaßen ermittelt:

> Deckungsbeitrag je Teilnehmer = Reisepreis − variable Kosten je Teilnehmer
>
> $$\text{Kritische Teilnehmerzahl am Break-even-Point} = \frac{\text{fixe Kosten}}{\text{Deckungsbeitrag je Teilnehmer}}$$

Beispiel Das Reisebüro A. Globus plant eine Tagesfahrt zur „boot" in Düsseldorf. Die Reise wird mit dem eigenen Bus durchgeführt. Die Fahrstrecke beträgt 560 km. Die km-Kosten betragen 0,75 EUR und die Kosten der Einsatzbereitschaft für einen Tag 300,00 EUR. Jede Eintrittskarte kostet 10,00 EUR (ohne USt). Die anteiligen fixen Gemeinkosten betragen 240,00 EUR. Der Fahrpreis pro Person beträgt 40,00 EUR (ohne USt).

Buskosten:
entfernungsabhängig (560 · 0,75) = 420,00 EUR
zeitabhängig = 300,00 EUR
gesamte fixe Einzelkosten = 720,00 EUR
gesamte fixe Gemeinkosten = 240,00 EUR
gesamte fixe Kosten = 960,00 EUR

variable Kosten je Teilnehmer = 10,00 EUR

Deckungsbeitrag je Teilnehmer = 40,00 − 10,00 EUR = 30,00 EUR

Kritische Teilnehmerzahl = $\frac{960,00}{30,00}$ = 32 Teilnehmer

Ab dieser Teilnehmerzahl kann die Tagesfahrt unbedenklich durchgeführt werden, denn hier werden alle Kosten durch die Einnahmen gedeckt. Durch jeden weiteren Teilnehmer erhöht sich das Betriebsergebnis.

Die kritische Teilnehmerzahl kann auch auf Teilkostenbasis ermittelt werden. Dann gilt:

> $$\text{Kritische Teilnehmerzahl bei kurzfristiger Betrachtung} = \frac{\text{fixe Einzelkosten}}{\text{Deckungsbeitrag je Teilnehmer}}$$

Mit den Zahlen des obigen Beispiels:

Kritische Teilnehmerzahl $= \dfrac{720{,}00}{30{,}00} = 24$ Teilnehmer

Die Fahrt darf keinesfalls mit weniger als 24 Teilnehmern durchgeführt werden, weil sich dadurch das Betriebsergebnis verschlechtern würde. Bei Teilnehmerzahlen zwischen 24 und 32 muss der Unternehmer entscheiden, ob die Reise durchgeführt wird oder nicht, denn sie trägt immerhin zur Deckung der fixen Gemeinkosten bei. Selbstverständlich muss auch hier bedacht werden, ob andere Reisen in der Lage sind, den ausfallenden Gemeinkostenanteil zu tragen.

Gründe für die Durchführung der Reise könnten u.a. sein:
- Der Reisebus würde an diesem Tag sonst nicht eingesetzt.
- Neue Marktbereiche sollen erschlossen werden.
- Treue Kunden, die an der Reise teilnehmen wollen, sollen nicht verärgert werden.

Merke
- Ab dem Break-even-Point erzielt das Unternehmen einen Gewinn.
- Am Break-even-Point gilt: Summe aller Deckungsbeiträge = Summe der fixen Kosten oder Erlöse = Kosten.
- Die kritische Teilnehmerzahl wird am Break-even-Point erreicht.
- Mindestreisepreis = Reisepreis je Teilnehmer · kritische Teilnehmerzahl.
- Sind die Deckungsbeiträge niedriger als die fixen Einzelkosten, darf eine Reise niemals durchgeführt werden.

Übungsaufgaben

1 Welche Vor- und Nachteile haben Vollkosten- und Teilkostenrechnung?

2 Was versteht man unter einem Deckungsbeitrag?

3 Erläutern Sie die Begriffe „Break-even-Point" und „kritische Teilnehmermenge".

4 Das Reisebüro Fern-Reisen plant eine 6-tägige Busreise in die Sächsische Schweiz. Die Reise wird mit einem angemieteten Bus durchgeführt. Die Unterbringung erfolgt in einem Vertragshotel in Bad Schandau. Man geht von folgenden Werten aus:

Buskosten: 3 250,00 EUR   Unterbringungskosten je Nacht/Person: 38,00 EUR
anteilige Gemeinkosten: 920,00 EUR   Zahl der Übernachtungen: 5
Reisepreis je Person: 299,00 EUR

a) Ermitteln Sie den Deckungsbeitrag je Person.
b) Berechnen Sie die kritische Teilnehmermengen am Break-even-Point und bei kurzfristiger Betrachtung.
c) Sollte die Reise durchgeführt werden, wenn a) 29; b) 30; c) 38; d) 40 Personen teilnehmen? Begründen Sie Ihre Entscheidung!

5 Das Reisebüro Exclusiv plant eine Wochenendfahrt nach Hamburg (eine Übernachtung) mit Stadtrundfahrt und Besuch eines Musicals. Man geht von folgenden Werten aus:

Fahrstrecke: 840 km   km-Kosten: 0,80 EUR
Einsatzzeit: 2 Tage   Tageskosten: 320,00 EUR
Stadtrundfahrt: 250,00 EUR   Unterbringungskosten je Nacht/Person: 68,00 EUR
Eintrittskarte je Person: 85,00 EUR   anteilige Gemeinkosten: 1 400,00 EUR
Reisepreis je Person: 222,00 EUR

a) Ermitteln Sie den Deckungsbeitrag je Person.
b) Berechnen Sie die kritische Teilnehmermengen am Break-even-Point und bei kurzfristiger Betrachtung.

c) Sollte die Reise durchgeführt werden, wenn a) 22; b) 23; c) 42; d) 45 Personen teilnehmen? Begründen Sie Ihre Entscheidung!

6 Das Reisebüro Meier in Oldenburg führt im Dezember mehrere dreitägige Fahrten zum Striezelmarkt in Dresden zu einem Preis je Fahrgast von 99,90 EUR durch. Dabei entstehen die folgenden Kosten:

Buscharter für 3 Fahrten	3 300,00 EUR
Reiseführer vor Ort je Fahrt	140,00 EUR
Unterbringungskosten je Fahrt	70,00 EUR
Anteilige Gemeinkosten für alle Fahrten	120,00 EUR

An den drei durchgeführten Fahrten nahmen teil:

Fahrt 1:	45 Fahrgäste
Fahrt 2:	42 Fahrgäste
Fahrt 3:	49 Fahrgäste

a) Berechnen Sie den Deckungsbeitrag je Person.
b) Welcher Gewinn/Verlust wurde mit den einzelnen Reisen (bei Vollkostenrechnung) erzielt?
c) War es sinnvoll, alle drei Reisen durchzuführen?

7 Der Busreiseveranstalter Fern-Reisen führte in diesem Jahr mehrere Fahrten in den Schwarzwald durch. Dabei ergaben sich folgende Werte:

Gesamterlöse	85 300,00 EUR
Buskosten	24 250,00 EUR
Unterbringung/Verpflegung	43 160,00 EUR
Werbekosten	2 100,00 EUR
variable Gemeinkosten	410,00 EUR

Berechnen Sie die Deckungsbeiträge I und II.

8 Beim Reisebüro Hansa-Touristik entstehen im Monat 9 000,00 EUR Gemeinkosten. Diese werden mithilfe eines Gemeinkostenzuschlagssatzes im Verhältnis der Reisevorleistungen auf die einzelnen Reisen aufgeschlagen. Das Reisebüro will in diesem Monat drei Reisen veranstalten. Man erwartet:

	Reisevorleistungen	Erlöse
Reise A	14 000,00	20 600,00
Reise B	9 000,00	12 800,00
Reise C	7 000,00	8 200,00

a) Berechnen Sie den Gemeinkostenzuschlagssatz.
b) Berechnen Sie den Gemeinkostenzuschlag für jede Reise.
c) Berechnen Sie den Gewinn/Verlust für jede Reise und den Gesamtgewinn/Gesamtverlust.
d) Sollen alle drei Reisen durchgeführt werden? Begründen Sie Ihre Ansicht.
e) Angenommen, die Reise C wird nicht durchgeführt. Wie ändern sich die Werte? Erklären Sie, warum dieses Ergebnis deutlich schlechter ist.

9 Sind die folgenden Aussagen richtig oder falsch? Begründen Sie Ihre Entscheidung!
a) Der Deckungsbeitrag entspricht dem Gewinn einer selbst veranstalteten Reise.
b) Bis zum Break-even-Point macht das Unternehmen einen Verlust.
c) Variable Kosten entstehen bei Reiseveranstaltern nur dann, wenn eine Reise durchgeführt wird.
d) Eine Reise kann auch bei einem negativen Deckungsbeitrag durchgeführt werden.
e) Die Erlöse einer Reise müssen mindestens so hoch sein wie die fixen Kosten.
f) Yield Management bedeutet die möglichst genaue Planung und Auslastung von Kapazitäten.
g) Reisevorleistungen gehören zu den fixen Produktkosten.

14 Kalkulation eines Reisepreises

Situation Die Abteilung „eigene Veranstaltungen" des Reisebüros A. Globus veranstaltet fortlaufend Reisen mit eigenen und fremden Leistungsträgern. Sie steht bei jedem Angebot vor dem Problem, ob mit der veranstalteten Reise etwas zu verdienen ist oder nicht.

14.1 Notwendigkeit der Kalkulation

Reisen werden in jüngster Zeit mehr und mehr auch über den Preis verkauft. Das Reizeziel oder der Reisezweck haben nicht mehr die Bedeutung, die sie noch vor Jahren hatten. Für viele Touristen ist es egal, ob sie sich in der Dominikanischen Republik oder auf Gran Canaria sonnen, Hauptsache, es ist warm und preisgünstig. Die von verschiedenen Veranstaltern angebotenen Reisen in ein bestimmtes Zielgebiet unterscheiden sich häufig kaum voneinander. Um in einem solchen Markt bestehen zu können, muss nicht nur die Qualität der Reiseleistungen, sondern auch der Preis stimmen.

Es ist aber genauso wichtig, dass die entstandenen Kosten durch die erzielten Preise gedeckt werden. Bei der Preisgestaltung sind also zwei Seiten zu beachten. Einerseits darf der Preis nur so hoch sein, dass Kunden nicht abgeschreckt werden. Andererseits muss er aber so hoch sein, dass neben den Kosten auch ein angemessener Gewinn erzielt wird. Sicherlich kann in bestimmten Situationen kurzfristig auf den Gewinn verzichtet werden, aber nicht langfristig. Der Unternehmer veranstaltet schließlich Reisen, um mit ihnen etwas zu verdienen. Inwieweit ein Gewinn angemessen ist, hängt von der unternehmerischen Zielsetzung ab. Als Veranstalter hat man darauf zu achten, dass der Gewinn langfristig über den Gewinnen aus Vermittlungsleistungen liegt. Es ist sonst einträglicher, Reisen zu vermitteln, statt sie zu veranstalten.

Für Reiseveranstalter führt das zu zwei unterschiedlichen Kalkulationsverfahren:

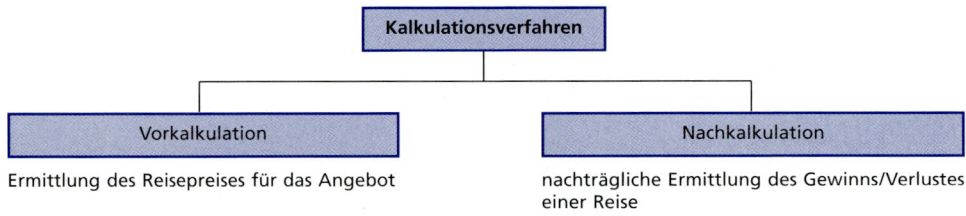

Vorkalkulation: Ermittlung des Reisepreises für das Angebot

Nachkalkulation: nachträgliche Ermittlung des Gewinns/Verlustes einer Reise

14.2 Vorkalkulation

Eine Reise kann den Kunden nicht ohne einen Preis angeboten werden. Das folgende Schema dient üblicherweise zur Ermittlung eines Reisepreises (Seite 149).

Die in der Kalkulation verwendeten Werte sind Nettowerte. Die Umsatzsteuer wird in der betriebsinternen Kostenrechnung nicht berücksichtigt, weil sie für den Reiseveranstalter ein durchlaufender Posten ist. Sie muss allerdings in den Reisepreis eingerechnet werden, weil die Leistungen für den Endverbraucher bestimmt sind.

Je nach Art der veranstalteten Reise können bestimmte Teile des Kalkulationsschemas entfallen. Bei Kalkulationen eines Paketreiseveranstalters, d.h. eines Veranstalters, der Reisen an andere

Vorkalkulation

Veranstalter verkauft, die diese im eigenen Namen weiterverkaufen, entfallen die Berechnung der Umsatzsteuer und der Provision.

> **Kalkulationsschema**
>
> fremde Reisevorleistungen
> + eigene Reisevorleistungen
> = gesamte Reisevorleistungen
> + eigene direkt zurechenbare Kosten
> = Grundkosten
> + Gemeinkosten
> = Selbstkosten
> + Gewinn
> = Nettoreisepreis
> + Umsatzsteuer
> = Bruttoreisepreis
> + Provisionen
> = Angebotspreis (Katalogpreis)

Beispiel Das Reisebüro A. Globus plant eine 7-tägige Busreise in den Schwarzwald. Die Beförderung erfolgt mit dem eigenen Bus, die Unterbringung erfolgt in einem Vertragshotel in Hinterzarten. Der Bus soll die ganze Zeit für etwaige Ausflüge vor Ort bleiben, die aber als Sonderleistung abgerechnet werden. Für diese Reise wird eine Anzeige in der örtlichen Tageszeitung geschaltet. Man geht von folgenden Werten aus:

- Fahrstrecke insgesamt: 1 960 km
- Einsatzzeit des Reisebusses: 7 Tage
- erwartete Teilnehmerzahl: 36
- Gemeinkostenzuschlagssatz: 28,3 %
- Gewinnaufschlag: 8 %
- Kosten je km: 0,80 EUR
- Tageskosten: 320,00 EUR
- Unterbringungskosten je Nacht/Person: 38,00 EUR
- Werbekosten: 144,00 EUR
- Provision: 10 %

Berechnung des Angebotspreises (Vorkalkulation)
Buskosten:
+ entfernungsabhängig (1960 · 0,80)   = 1 568,00 EUR
+ zeitabhängig (7 · 320)   = 2 240,00 EUR
= gesamte Buskosten   = 3 808,00 EUR

Buskosten je Person (3808,00/36)   =   105,78 EUR
+ Unterbringungskosten (6 · 38,00)   =   228,00 EUR
= gesamte Reisevorleistungen   =   333,78 EUR
+ anteilige Werbekosten (144,00/36)   =   4,00 EUR
= Grundkosten   =   337,78 EUR
+ Gemeinkostenzuschlag (28,3 %)   =   95,59 EUR
= Selbstkosten   =   433,37 EUR
+ Gewinn (8 %)   =   34,67 EUR
= Nettoreisepreis   =   468,04 EUR
+ USt (19 %)   =   88,93 EUR
= Bruttoreisepreis   =   556,97 EUR
+ Provision (10 % im Hundert)   =   61,89 EUR
= Reisepreis je Person   =   618,86 EUR

Der ermittelte Preis muss daraufhin überprüft werden, ob er auf dem Markt durchsetzbar ist. Bietet ein Konkurrent eine ähnliche Reise zu einem günstigeren Preis an, muss der kalkulierte Preis ggf. verringert werden. Der Preis kann reduziert werden, indem auf einen Teil des Gewinns verzichtet oder sichergestellt wird, dass die Reisegruppe größer wird. In diesem Fall verteilen sich die fixen Buskosten auf mehr Teilnehmer. Dadurch wird letztlich der Angebotspreis geringer. Jeder zusätzliche Reiseteilnehmer bei einem unverändertem Preis bedeutet dagegen eine überproportionale Steigerung des Gewinns.

14.3 Nachkalkulation

Wichtig ist, nach Abschluss einer Reise bzw. nach einer Folge von Reisen festzustellen, ob die kalkulierten Werte mit den tatsächlichen Werten übereinstimmen. Bei Abweichungen muss nach den Gründen für die Abweichung gesucht werden. Dafür ist es erforderlich, eine **Nachkalkulation** durchzuführen, in der der tatsächliche Erfolg dieser Reise ermittelt wird.

Die Nachkalkulation wird als **Differenzkalkulation** durchgeführt. Man ermittelt zuerst die Selbstkosten und dann, ausgehend vom Erlös, den Nettoreisepreis. Die Differenz ergibt den tatsächlich erzielten Gewinn/Verlust je Reise. Der absolute Gewinn wird anschließend als Prozentsatz der Selbstkosten ermittelt.

> **Beispiel** Die Schwarzwaldreise des vorherigen Beispiels wurde durchgeführt. Gegenüber den angenommenen Zahlen ergaben sich die folgenden Änderungen:
> - an der Reise nahmen 42 Personen teil,
> - das Hotel berechnete daher einen Übernachtungspreis von 37,50 EUR je Person/Nacht
> - durch den Konkurrenzdruck konnte nur ein Preis von 575,00 EUR je Person erzielt werden.

Ermittlung des Gewinns (Nachkalkulation)

```
   gesamte Buskosten                      =     3 808,00 EUR
 + Unterbringungskosten (6 · 42 · 37,50)  =     9 450,00 EUR
 = gesamte Reisevorleistungen             =    13 258,00 EUR
 + Werbekosten                            =        144,00 EUR
 = Grundkosten                            =    13 402,00 EUR
 + Gemeinkostenzuschlag (28,3 %)          =     3 792,77 EUR
 = Selbstkosten                           =    17 194,77 EUR
 + Gewinn                                 =     1 069,94 EUR
 = Nettoreisepreis                        =    18 264,71 EUR
 + USt (19 % auf Hundert)                 =     3 470,29 EUR
 = Bruttoreisepreis                       =    21 735,00 EUR
 + Provision (10 %)                       =     2 415,00 EUR
 = Erlös (575,00 · 42)                    =    24 150,00 EUR
```

Vergleich zwischen Vor- und Nachkalkulation

	Gewinn		
	je Person/EUR	insgesamt/EUR	in Prozent
Vorkalkulation (36 Personen)	34,67	1 248,12	8,00
Nachkalkulation (42 Personen)	25,47	1 069,94	6,22

Die verschlechterten Gewinnzahlen der Nachkalkulation sind vor allem mit der höheren Zahl der Fahrgäste sowie dem niedrigeren Reisepreis zu erklären. Die fixen Buskosten verteilten sich auf eine größere Teilnehmerzahl. Wegen des niedrigeren Reisepreises entstanden dadurch schlechtere Gewinnzahlen.

> **Merke**
> - Die Vorkalkulation dient der Ermittlung des Angebotspreises einer Reise.
> - Es muss immer überprüft werden, ob der ermittelte Preis am Markt durchsetzbar ist.
> - Die Nachkalkulation dient der Ermittlung des tatsächlichen Gewinns/Verlusts einer Reise. Sie wird als Differenzkalkulation durchgeführt.

Übungsaufgaben

1 Erläutern Sie die Begriffe „Reisevorleistungen" und „eigene direkt zurechenbare Kosten".

2 Warum muss bei der Vorkalkulation die Provision „im Hundert" berechnet werden?

3 Warum muss bei der Nachkalkulation die Umsatzsteuer „auf Hundert" berechnet werden?

4 Der Reiseveranstalter Hansa-Reisen, Rostock, möchte über andere Reisebüros Pauschalreisen zur Weinlese nach St. Goarshausen anbieten.
  a) Zu welchem Preis (einschl. USt) kann er eine solche Reise anbieten, wenn er folgende Zahlen zu Grunde legt:
  Grundkosten: 280,00 EUR   Gewinn 8,0 %
  Gemeinkostenzuschlag: 31,5 %   Provision 11,0 %
  b) Welcher Gewinn wird tatsächlich erzielt, wenn die Reise aus Konkurrenzgründen zu einem Preis von 519,00 EUR angeboten wird?

5 Der Busreiseveranstalter Nordmann, Bremen, bietet über andere Reisebüros Pauschalreisen in den Bayrischen Wald an. Der Katalogpreis beträgt 599,00 EUR einschl. USt. Wie hoch ist der Gewinn, wenn die Selbstkosten für eine Reise 420,00 EUR betragen und eine Provision von 9 % gewährt wird?

6 Das Reisebüro Exclusiv plant eine Wochenendfahrt nach Hamburg (zwei Übernachtungen) mit Stadt- und Hafenrundfahrt und Besuch eines Musicals.
Man geht von folgenden Werten aus:
Fahrstrecke: 840 km   km-Kosten: 0,78 EUR
Einsatzzeit: 3 Tage   Tageskosten: 333,00 EUR
Stadtrundfahrt: 210,00 EUR   Hafenrundfahrt: 280,00 EUR
Eintrittskarte je Person: 77,00 EUR   Unterbringungskosten je Nacht/Person: 62,00 EUR
Gemeinkostenzuschlag: 25,8 %   voraussichtliche Teilnehmerzahl: 43
Gewinnzuschlag: 9 %
  a) Ermitteln Sie den Angebotspreis je Person.
  b) Wie hoch ist der tatsächliche Gewinn/Verlust, wenn die Reise für 430,00 EUR angeboten wird und 45 Fahrgäste teilnehmen.
  c) Nennen Sie Gründe für die Abweichungen zwischen Vor- und Nachkalkulation.

7 Das Reisebüro Fern-Reisen plant eine sechstägige Flusskreuzfahrt auf der Elbe.
Man geht von folgenden Werten aus:
Bustransfer mit angemietetem Bus: 1 254,00 EUR
Unterkunft und Verpflegung je Person: 800,00 EUR
Werbekosten für diese Reise: 247,00 EUR
Gemeinkostenzuschlag: 28,5 %
Gewinnzuschlag: 7,5 %
voraussichtliche Teilnehmerzahl: 38
  a) Ermitteln Sie den Angebotspreis je Person.
  b) Wie hoch ist der tatsächliche Gewinn/Verlust, wenn die Reise für 1 450,00 EUR angeboten wird und 35 Fahrgäste teilnehmen.
  c) Nennen Sie Gründe für die Abweichungen zwischen Vor- und Nachkalkulation.

8 Das Reisebüro Exclusiv plant eine dreitägige Busfahrt zur nächsten Bundesgartenschau.
Man geht von folgenden Werten aus:
Fahrstrecke: 1 410 km   km-Kosten: 0,81 EUR
Einsatzzeit: 3 Tage   Tageskosten: 324,00 EUR
Eintrittskarte je Person: 18,00 EUR   Unterbringungskosten je Nacht/Person: 48,00 EUR
Gemeinkostenzuschlag: 27,6 %   voraussichtliche Teilnehmerzahl: 45
Gewinnzuschlag: 8 %
  a) Ermitteln Sie den Angebotspreis je Person.
  b) Wie hoch ist der tatsächliche Gewinn/Verlust, wenn die Reise für 250,00 EUR angeboten wird und 42 Fahrgäste teilnehmen?
  c) Nennen Sie Gründe für die Abweichungen zwischen Vor- und Nachkalkulation.

15 Controlling

Situation Der Inhaber des Reisebüros A. Globus ist mit dem Betriebsergebnis des letzten Jahres nicht zufrieden. Sein Steuerberater empfiehlt, einen Controller einzustellen.

Controlling bedeutet im englischen nicht nur „kontrollieren", sondern auch „lenken", „steuern" und „regeln". Jedes Unternehmen setzt sich verschiedene Ziele, die es zu erreichen gilt. Während die Kontrolle das Erreichen oder Nichterreichen eines Zieles feststellt, geht das Controlling darüber hinaus. Hier wird nicht nur eine Abweichung festgestellt, es werden auch Ursachen für die Abweichung ermittelt und Wege zu deren Vermeidung aufgezeigt.

15.1 Aufgaben des Controllings

Der Controller hat die Aufgabe, die Geschäftsleitung bei der Erreichung ihrer Aufgaben zu unterstützen, d.h. bei der Festlegung von Zielen, bei Entscheidungen, bei der Planung und bei der Kontrolle von betrieblichen Abläufen. Das bedeutet, dass das Controlling alle betrieblichen Bereiche betrifft.

Man unterscheidet:

■ Strategisches Controlling

Hier hat das Controlling die Aufgabe, Zielvorgaben der strategischen Pläne der Geschäftsleitung zu überprüfen. Strategische Pläne sind Zukunftsentscheidungen, die von der Geschäftsleitung getroffen werden, z.B. zukünftig Studienreisen in ein bestimmtes Zielgebiet durchzuführen. Die Daten der strategischen Pläne müssen daraufhin überprüft werden, ob sie realistischerweise eingehalten werden können. Darüber hinaus ist das Umfeld des Unternehmens zu beobachten und dort auftretende Veränderungen, die das Unternehmen betreffen können, der Geschäftsleitung mitzuteilen.

■ Operatives Controlling

Das operative Controlling vergleicht die vorgegebenen Plandaten (Sollgrößen) mit den tatsächlich eingetretenen Daten (Istgrößen). Weichen diese wesentlich voneinander ab, werden deren Ursachen festgestellt und Maßnahmen zur Beseitigung der Abweichungen entwickelt.

15.2 Controllinginstrumente

Zur Erfüllung seiner Aufgaben stehen dem Controller die folgenden Instrumente zur Verfügung:

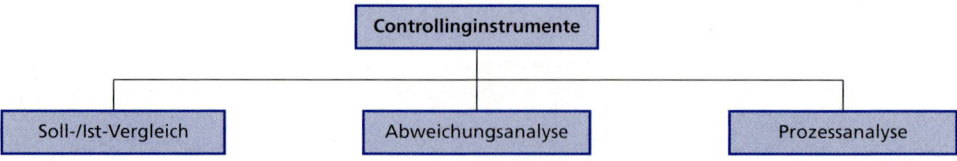

Controllinginstrumente

■ Soll-/Ist-Vergleich

Beispiel Das Reisebüro A. Globus plante, für die abgelaufene Saison zehn Busfahrten mit einem Reisebus mit 52 Sitzplätzen nach Garmisch-Partenkirchen durchzuführen. Die Preise wurden mit einer durchschnittlichen Kapazitätsauslastung von 75% kalkuliert. Mit mehreren Hotels vor Ort wurden entsprechende Unterbringungsmöglichkeiten vereinbart. Nach Ablauf der Saison zeigte sich, dass statt der erwarteten 390 Reisenden nur 320 an den Fahrten teilgenommen hatten.

Den einzelnen Unternehmensbereichen werden Ziele, die Sollgrößen, vorgegeben. Optimal wäre es, wenn die Ziele nach Ablauf der Planungsperiode erreicht würden. Tatsächlich stimmen realisierte Werte und geplante Werte nur im Idealfall überein. Gewisse Abweichungen müssen hingenommen werden. Wie groß diese Toleranz ist, ist eine Entscheidung der Geschäftsleitung.

Das Controlling vergleicht die Soll- und die Ist-Werte miteinander und stellt eine Abweichung, die über einer vorgegebenen Toleranzschwelle liegt, fest und erstattet dem Inhaber einen entsprechenden Bericht. Darin enthalten sind auch die negativen Auswirkungen auf das Betriebsergebnis, das nicht nur durch die fehlenden Erlöse, sondern auch durch evtl. Konventionalstrafen an die Hoteliers belastet wird.

Damit ist seine Tätigkeit allerdings noch nicht beendet. Er erstellt jetzt eine

■ Abweichungsanalyse

Dabei wird zusammen mit dem für die Reisen zuständigen Sachbearbeiter nach den Ursachen für die Abweichung gesucht.

Beispiel Bei der Garmisch-Fahrt des vorigen Beispiels wurde nach der zweiten Fahrt erkannt, dass die geplante Zahl der Reisenden nicht erreicht wird. Durch zusätzliche Werbung und eine Preissenkung stieg die Teilnehmerzahl jedoch wieder an, bis schließlich fast die geplante Größe erreicht wurde.

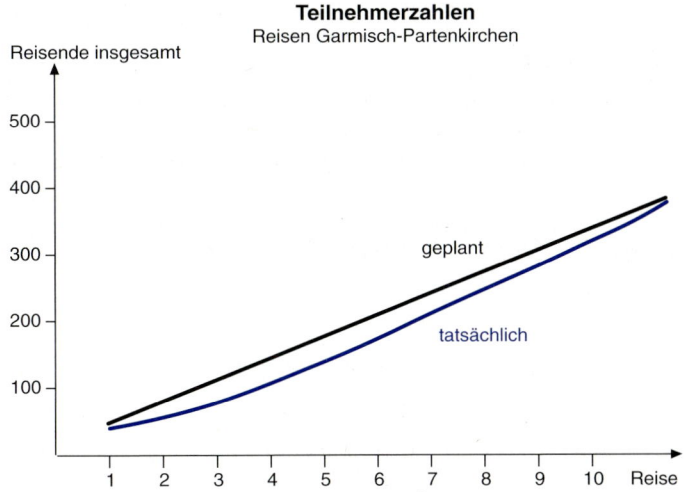

Die Gründe für die einzelnen Abweichungen können vielschichtig sein. So können sich z. B.
- anhaltend schlechtes Wetter im Zielgebiet,
- zunehmende Konkurrenz oder
- zu hohe Angebotspreise

negativ ausgewirkt haben. Das Wetter liegt sicher nicht im Verantwortungsbereich des Reisebüros, aber die beiden anderen Gründe sind vom Unternehmen zu beeinflussen. Die veränderte Konkurrenz hätte berücksichtigt werden müssen und zu hohe Preise können durch Fehler bei der Kostenrechnung verursacht worden sein.

Von einem guten Controlling müssen die Zielabweichungen frühzeitig erkannt und entsprechende Gegenmaßnahmen eingeleitet werden. Mögliche Maßnahmen sind z. B. verstärkte Werbung für diese Reise und/oder Preissenkungen. Dadurch könnte die ursprünglich geplante Teilnehmerzahl noch erreicht werden. Eine andere Möglichkeit wäre die Kostensenkung durch Reduzierung der Kapazitäten (Ausfall einer Reise und/oder Stornierung der Betten, sofern möglich).

■ *Prozessanalyse*

Hierbei handelt es sich um eine Überprüfung der Arbeitsabläufe. Die Personalkosten machen bei deutschen Reisebüros (vor allem bei Reisevermittlern) ca. 60 % der Gesamtkosten aus. Für ein Reisebüro sind damit die Personalkosten die entscheidenden „cost driver". Unter kostenrechnerischen Gesichtspunkten müssen damit die Arbeitsabläufe optimiert werden. Nach einer Untersuchung der TUI erfordert die Bearbeitung einer Pauschalreise (Kundenberatung, Buchung, Nacharbeiten zzgl. der Anteile für Arbeiten, die zu keiner Buchung führten) eine Arbeitszeit von durchschnittlich 70 Min.

Gelingt es, diese Zeit zu verkürzen, könnten damit z. B.:
- Arbeitskräfte eingespart werden oder
- mehr Reisen mit dem gleichen Personalbestand verkauft werden oder
- die Kunden intensiver beraten werden (Kundenbindung) oder
- die gesparte Zeit zur Akquirierung von Kunden eingesetzt werden.

> ### *Merke*
> - ■ Aufgaben des Controllings:
>   - Abweichungen von vorgegebenen Werten analysieren,
>   - Maßnahmen aufzeigen, wie erkannte Fehler beseitigt und in Zukunft vermieden werden können,
>   - mögliche Störquellen frühzeitig aufdecken, Gegenmaßen entwickeln und
>   - Arbeitsabläufe optimieren.
> - ■ Instrumente zur Erfüllung der Aufgaben sind:
>   - Soll-/Ist-Vergleich
>   - Abweichungsanalyse
>   - Prozessanalyse

Übungsaufgaben

1 In welchen Unternehmensbereichen lässt sich das Controlling einsetzen?

2 Nennen Sie mögliche Gründe, warum vorgegebene Sollgrößen nicht erreicht werden können.

3 Nennen Sie Beispiele für strategische Entscheidungen eines Reisebüros. Welche Aufgaben hätte das Controlling in diesem Zusammenhang?

4 Welche Möglichkeiten könnte ein Controller anwenden, um einen bestimmten Arbeitsablauf, z. B. die Buchung einer Pauschalreise, zu erfassen und zu überprüfen?

16 Kaufmännisches Rechnen

16.1 Der Dreisatz

Bei der Dreisatzrechnung schließt man von drei oder mehr bekannten Größen auf eine vierte unbekannte Größe.

16.1.1 Gerades (direktes) Verhältnis

Beispiel In einer Reiseverkehrsberufsschulklasse werden mit einer Sammelbestellung Touristik-Atlanten bestellt. 24 Auszubildende sollen dafür 528,00 EUR bezahlen. Wie viel muss eine Klasse mit 20 Auszubildenden bezahlen?

Lösung

1. Bedingungssatz   24 Atlanten kosten 528,00 EUR
2. Fragesatz   20 Atlanten kosten   x   EUR
3. Schlusssatz $\dfrac{24}{1} \quad \dfrac{528 \cdot 20}{24} = \underline{440{,}00 \text{ EUR}}$
                     20

Lösungsweg

1. Bedingungssatz hinschreiben, gesuchte Größe an den Schluss
2. Fragesatz darunter schreiben, gleiche Größen untereinander
3. Schlusssatz nach folgenden Überlegungen aufstellen
   - 24 Atlanten kosten 528,00 EUR   ⇒ **auf** den Bruchstrich
   - 1 Atlas kostet den 24ten Teil, das ist **weniger** ⇒ **unter** den Bruchstrich
   - 20 Atlanten kosten 20 mal so viel, das ist **mehr** ⇒ **auf** den Bruchstrich

Merke

| Je **größer** die erste Größe | – desto **größer** die zweite Größe |
| Je **kleiner** die erste Größe | – desto **kleiner** die zweite Größe |

16.1.2 Ungerades (indirektes) Verhältnis

Beispiel Ein Veranstalter hat die neuen Kataloge für die Sommersaison geschickt. Zwei Auszubildende sind mit dem Einordnen fünf Stunden beschäftigt. Wie lange dauern die Arbeiten, wenn ein weiterer Auszubildender hilft?

Lösung

1. Bedingungssatz   2 Auszubildende brauchen 5 Std.
2. Fragesatz   3 Auszubildende brauchen x Std.
3. Schlusssatz $\dfrac{2}{1} \quad \dfrac{5 \cdot 2}{3} = \underline{3{,}33 \text{ Stunden}}$
                     3

Lösungsweg

1. Bedingungssatz hinschreiben, gesuchte Größe an den Schluss
2. Fragesatz darunter schreiben, gleiche Größen untereinander
3. Schlusssatz nach folgenden Überlegungen aufstellen
   2 Auszubildende brauchen 3 Std. ⇒ **auf** den Bruchstrich
   1 Auszubildender braucht doppelt so lange, das ist **mehr** ⇒ **auf** den Bruchstrich
   3 Auszubildende schaffen es in einem Drittel der Zeit, das ist **weniger** ⇒ **unter** den Bruchstrich

> **Merke**
> Je **größer** die erste Größe – desto **kleiner** die zweite Größe
> Je **kleiner** die erste Größe – desto **größer** die zweite Größe

Übungsaufgaben

1 Ein Reisebüro erhielt von einem Reiseveranstalter für die Vermittlung von Pauschalreisen im Gesamtwert von 72 500,00 EUR eine Provision von 6 525,00 EUR. Wie hoch ist die Provision, wenn der Wert der vermittelten Reisen in diesem Monat 64 000,00 EUR beträgt?

2 Ein Reisebus benötigt für eine bestimmte Strecke bei einer Durchschnittsgeschwindigkeit von 90 km/h 6 Std. Wie lange braucht er für die gleiche Strecke, wenn durch hohes Verkehrsaufkommen nur eine Durchschnittsgeschwindigkeit von 75 km/h erreicht wird?

3 Ein Reisebüro bestellte im letzten Jahr bei einem Werbeversandhandel 300 Kugelschreiber mit Werbeaufdruck und musste 129,00 EUR bezahlen. In diesem Jahr werden 500 Kugelschreiber bestellt. Wie hoch ist die Rechnung in diesem Jahr?

4 Zwei Reiseverkehrsberufsschulklassen mit insgesamt 45 Auszubildenden unternehmen eine Tagesfahrt zur Besichtigung des nächstgelegenen Flughafens. Jeder Schüler soll für die Fahrt 12,00 EUR zahlen. Bei der Fahrt fehlen fünf Auszubildende krankheitsbedingt. Wie viel müssen die übrig gebliebenen zahlen?

5 Vier Kletterer erreichen eine Hochgebirgshütte kurz vor einem Schneesturm. Normalerweise reichen die Vorräte in der Hütte acht Tage für sechs Personen. Wie lange wird er für diese Gruppe reichen?

6 Ein Airbus A 320 fliegt in 18 Sekunden eine Strecke von 6 km. Welche Strecke wird in einer Stunde zurückgelegt?

16.2 Der Kettensatz

Der Kettensatz wird im kaufmännischen Rechnen häufig verwendet, weil er leichter aufzustellen ist als ein Dreisatz. Mit dem Kettensatz lassen sich aber nur Dreisätze mit geradem Verhältnis lösen. Die Anwendung des Kettensatzes empfiehlt sich vor allem in der Währungsrechnung und in der Prozentrechnung.

> **Beispiel** Ein Reisebus verbraucht im Durchschnitt 35 l Diesel auf 100 km. Wie hoch sind die Treibstoffkosten für eine Fahrt Hamburg – Stuttgart und zurück (1 450 km) bei einem Dieselpreis von 1,22 EUR?

Lösung

? EUR = 1450 km
100 km = 35 l
1 l = 1,22 EUR

$$\frac{1450 \cdot 35 \cdot 1,22}{100 \cdot 1} = 619,15 \text{ EUR}$$

Lösungsweg (Kettenregel)
1. Die Kette beginnt mit der Frage und der Benennung, die als Antwort erwartet wird.
2. Jedes Kettenglied hat die gleiche Benennung wie das vorangegangene Glied der rechten Seite.
3. Das Anfangsglied und das Schlussglied müssen die gleiche Benennung haben.
4. Die Kette wird nach links gekippt, sodass die linken Kettenglieder unter dem Bruchstrich und die rechten Kettenglieder über dem Bruchstrich stehen.

Übungsaufgaben

1 Ein USA-Tourist füllt an einer Tankstelle in Amboy auf der Route 66 den Tank seiner Harley-Davidson nach einer Strecke von 185 Meilen mit 4,8 US-Gallons und zahlt 6,00 USD.
(1 US-Gallone = 4,544 Liter; 1 EUR = 1,27 USD; 1 US-Meile = 1,610 km)

  a) Wie viel EUR hat er für die Tankfüllung bezahlt?
  b) Wie viel Liter hat er getankt?
  c) Wie viel EUR kostete ein Liter?
  d) Wie viel Liter verbrauchte das Motorrad auf 100 km?

2 Die Übernachtungskosten bei einer Busreise mit 42 Teilnehmern betrugen 1470,00 EUR. Wie viel EUR betragen die Übernachtungskosten für eine Gruppe mit 47 Teilnehmern?

3 Bei einem Reisebüro mit einer Nutzfläche von 140 qm entstanden in Vergangenheit Heizkosten von 2100,00 EUR. Im letzten Jahr wurde ein Büroraum mit einer Nutzfläche von 24 qm angebaut. Wie hoch werden die Heizkosten voraussichtlich in diesem Jahr sein?

16.3 Währungsrechnen

Seit dem 1. Januar 1999 ist der Euro die gemeinsame Währung von mittlerweile 22 europäischen Ländern. Er löste damit die bisherigen nationalen Währungen ab. Seit dem 01.01.2002 gelten nur noch Euro-Geldscheine bzw. -Münzen.

Unter Wechselkurs versteht man nach der Umstellung von der Geldnotierung auf die Mengennotierung den Preis, der für einen Euro in ausländischer Währung zu zahlen ist. Der sog. **Referenzkurs**, d.h. die Menge ausländischen Geldes, die man für einen EUR bekommt, wird täglich gemeinsam von den größten Kreditinstituten festgelegt. Er findet u.a. Anwendung im bargeldlosen Zahlungsverkehr zwischen in- und ausländischen Banken. Daneben gibt es die sog. **Touristenkurse,** die für den Erwerb ausländischer Zahlungsmittel am Schalter der Kreditinstitute und Wechselstuben gelten. Diese Kurse sind im Allgemeinen deutlich ungünstiger als die Referenzkurse.

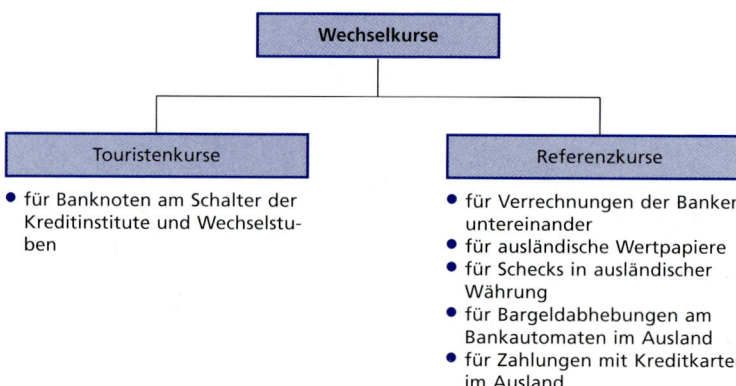

Den Aushängen der Kreditinstitute und den Wirtschaftsteilen der Tageszeitungen sind die gegenwärtig gültigen Kurse zu entnehmen. Hier werden sowohl Touristen- als auch Referenzkurse abgedruckt.

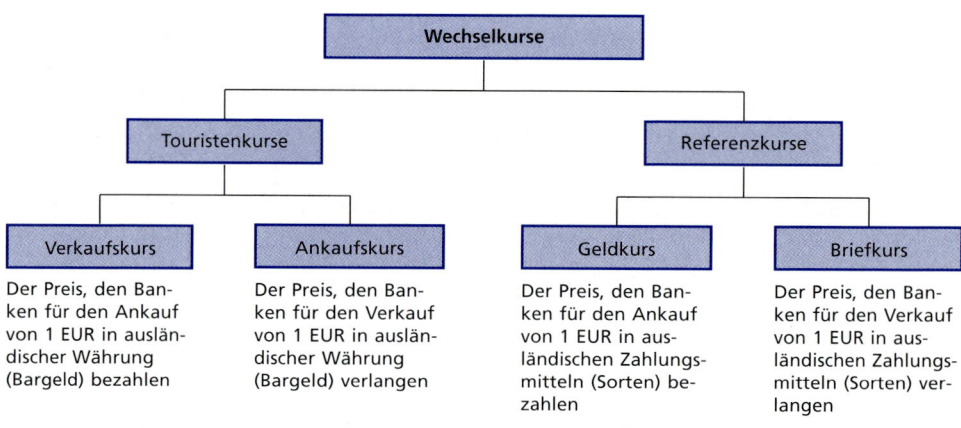

Andere Währungen					
11.11.2008		Kurse am Schalter für Urlauber		Banken-Referenzkurse	
Währung		Verk.	Ank.	Geld	Brief
Dänemark	DKK	7,100	7,820	7,346	7,615
England	GBP	0,786	0,843	0,804	0,826
Kanada	CAD	1,450	1,610	1,500	1,550
Norwegen	NOK	8,280	9,280	8,520	9,015
Schweden	SEK	9,580	10,600	9,830	10,350
Schweiz	CHF	1,461	1,546	1,483	1,519
Tschechien	CZK	22,070	28,270	23,581	26,734
USA	USD	1,228	1,318	1,257	1,293
Alle Angaben beziehen sich auf einen Euro.					

Währungsrechnen

Während die Banken untereinander keine Gebühren berechnen, verlangen sie von den Kunden am Schalter im Allgemeinen eine Gebühr von zwei bis vier Prozent.

Beispiel Ein Tourist will für seine bevorstehende Reise in die USA Banknoten im Wert von 600,00 USD erwerben. Seine Bank verlangt eine Umtauschgebühr von 6,00 EUR. Wie viel EUR hat er zu zahlen?

Lösung (mit dem Kettensatz)
Die Bank kauft vom Kunden Euro an und bezahlt ihn mit USD, daher ist der **Ankaufskurs** anzuwenden

? EUR = 600,00 USD
1,228 USD = 1,00 EUR

$$\frac{600,00 \cdot 1,00}{1,228} = \phantom{+ \text{Gebühr}\quad} 488,60 \text{ EUR}$$
$$+ \text{Gebühr} \quad 6,00 \text{ EUR}$$
$$\text{gesamt} \quad 494,60 \text{ EUR}$$

Übungsaufgaben

1 Ein Tourist tauscht bei seiner Bank vor seinem Norwegen-Urlaub 500,00 EUR in NOK um. Die Bank berechnet 5,00 EUR Gebühren. Wie viel NOK erhält er?

2 Nach seinem USA-Urlaub tauscht ein Tourist bei seiner Bank 140,00 USD zurück in EUR. Die Bank verlangt 3,00 EUR Gebühren. Wie viel EUR erhält er?

3 Ein Tourist benutzt am Geldautomaten in Göteborg seine EC-Karte und lässt sich 5 000,00 SEK auszahlen. Mit wie viel EUR wird sein Bankkonto belastet, wenn die schwedische Bank zusätzlich 40,00 SEK Gebühren verlangt?

4 Ein Ehepaar will ein Wochenende in London verbringen und tauscht dafür 500,00 GBP bei seiner Bank ein. Die Bank berechnet 8,00 EUR Gebühren. Wie viel EUR muss das Ehepaar bezahlen?

5 Ein Geschäftsreisender bezahlt die Hotelrechnung über 128,00 USD in New York mit seiner Kreditkarte. Wie viel EUR werden auf seinem Kreditkartenkonto belastet, wenn die Kreditkartenorganisation 1 % für den Auslandseinsatz berechnet?

6 Vor dem Urlaub erwirbt ein Tourist Reiseschecks im Wert von 1 250,00 USD. Die Gebühren betragen 10,00 USD. Wie viel EUR hat er zu zahlen?

7 Ein Geschäftsreisender tauscht in der Wechselstube am Flughafen 400,00 EUR in GBP um. In Glasgow gibt er 160,00 GBP aus. Den Restbetrag tauscht er nach seiner Rückkehr wieder zurück in EUR. Wie viel EUR hat er erhalten, wenn für jede Transaktion 5,00 EUR Gebühren erhoben werden?

8 Ein Ehepaar geht auf einer Wochenendreise in Prag im Restaurant „Drei Straußen" essen. Der Rechnungsbetrag lautet über 1 450,00 CZK. Das Ehepaar kann mit in Deutschland erworbenen CZK oder mit Kreditkarte bezahlen. Wie viel EUR spart es mit Kreditkartenzahlung, wenn keine Gebühren zu berücksichtigen sind?

9 Ein Reisebüro veranstaltet eine Motorradrundreise durch den Westen der USA. Die Rechnung für die Miete der Motorräder lautet über 9 800,00 USD. Wie viel EUR werden für die Überweisung auf dem Bankkonto belastet (ohne Gebühren für Auslandsüberweisung)?

16.4 Die Prozentrechnung

Bei der Prozentrechnung werden Zahlenwerte in ein Verhältnis zur bequemen Zahl 100 gesetzt. Sie sind damit häufig übersichtlicher und aussagekräftiger als absolute Zahlen. Die Prozentrechnung benutzt die folgenden Begriffe:

- Grundwert = der auf die Vergleichszahl 100 bezogene Wert
- Prozentsatz = gibt das Verhältnis zur Vergleichszahl 100 an
- Prozentwert = gibt den Wert des Verhältnisses zur Vergleichszahl 100 an.

Die Prozentrechnung ist der ideale Bereich für die Anwendung des Kettensatzes. Durch die leichte Aufstellung eines Kettensatzes erübrigt sich jede Kenntnis irgendwelcher Formeln.

Bei der Prozentrechnung müssen immer zwei Größen bekannt sein, damit die dritte Größe ermittelt werden kann.

16.4.1 Berechnung des Prozentwertes

Beispiel Ein Reiseveranstalter gewährt auf die vermittelten Reisen 12% Provision. Ein Reisebüro verkaufte für diesen Veranstalter Reisen im Wert von 32 000,00 EUR. Wie hoch ist die Provision?

Lösung (mit dem Kettensatz)

? EUR = 12%
100% = 32 000,00 EUR

$$\frac{12 \cdot 32\,000{,}00}{100} = 3\,840{,}00 \text{ EUR}$$

16.4.2 Berechnung des Grundwertes

Beispiel Ein Reiseveranstalter gewährt auf die vermittelten Reisen 11% Provision. Er überweist einem Reisebüro 4 840,00 EUR Provision. Wie hoch war der Umsatz für diesen Reiseveranstalter?

Lösung

? EUR = 100%
11% = 4 840,00 EUR

$$\frac{4\,840{,}00 \cdot 100}{11} = 44\,000{,}00 \text{ EUR}$$

16.4.3 Berechnung des Prozentsatzes

Beispiel Ein Reiseveranstalter überweist einem Reisebüro 6 660,00 EUR Provision. Für diesen wurden Reisen im Wert von 74 000,00 EUR verkauft. Wie hoch ist der Provisionssatz des Reiseveranstalters?

Lösung

? % = 6 660,00 EUR
74 000,00 EUR = 100 %

$$\frac{6\,660,00 \cdot 100}{74\,000,00} = \underline{\underline{9\,\%}}$$

16.4.4 Prozentrechnung vom vermehrten Grundwert (auf Hundert)

In diesen Fällen ist nicht der reine Grundwert (= 100 %) gegeben, sondern der bekannte Grundwert schließt einen bekannten Prozentsatz mit ein.

Beispiel Ein Reisebüro kauft für seinen Auszubildenden das Buch „Rechnungswesen für Reiseverkehrskaufleute". Die Quittung lautet über 13,40 EUR einschl. 7 % USt. Wie viel Vorsteuer kann das Reisebüro geltend machen?

Lösung

? EUR = 7 %
107 % = 13,40 EUR

$$\frac{13,40 \cdot 7}{107} = \underline{\underline{0,88 \text{ EUR}}}$$

16.4.5 Prozentrechnung vom verminderten Grundwert (im Hundert)

Hier ist der reine Grundwert ebenfalls nicht bekannt, sondern nur der um einen bekannten Prozentsatz verminderte Grundwert.

Beispiel Ein Reisebüro bezahlt die Rechnung eines Bürobedarfshändlers unter Abzug von 2 % Skonto. Der Überweisungsbetrag beträgt 64,68 EUR. Wie hoch war der ursprüngliche Rechnungsbetrag?

Lösung

? EUR = 100 %
98 % = 64,68 EUR

$$\frac{100 \cdot 64,68}{98} = \underline{\underline{66,00 \text{ EUR}}}$$

Übungsaufgaben

1 Ein Reisebüro verkauft einen Inlandsflugschein der Lufthansa für 249,00 EUR. Der Provisionssatz beträgt 5 %. Wie viel EUR Provision steht ihm zu?

2 Die Ausbildungsvergütung für einen Auszubildenden beträgt im 1. Ausbildungsjahr 460,00 EUR, im 2. Ausbildungsjahr 500,00 EUR und im 3. Ausbildungsjahr 560,00 EUR. Wie viel Prozent beträgt jeweils die jährliche Steigerung?

3 Ein Auszubildender bucht eine Reise mit einem Expedientenrabatt von 25%. Er spart gegenüber dem Katalogpreis 280,00 EUR. Wie viel EUR beträgt der Katalogpreis?

4 In einem Reisebüro fallen durchschnittliche monatliche Kosten in Höhe von 38 000,00 EUR an. Wie viel Umsatz muss erzielt werden, damit bei einem durchschnittlichen Provisionssatz von 9,5% die Kosten gedeckt werden?

5 Ein Hotel benötigt zur Kostendeckung eine Auslastungsquote von 60% = 84 Gäste. Wie viel Betten entsprechen der Gesamtkapazität des Hotels?

6 Der Katalogpreis für eine bestimmte Reise stieg in den beiden letzten Jahren jeweils um 5%. Im dritten Jahr betrug er 1 543,50 EUR. Wie hoch war der ursprüngliche Katalogpreis?

7 Ein Reisebüro verkaufte für einen Veranstalter im zweiten Monat 20% mehr Reisen als im ersten Monat. Im dritten Monat jedoch 30% weniger als im zweiten Monat. Der Umsatz im dritten Monat betrug 33 600,00 EUR. Wie hoch war der Umsatz im ersten Monat?

8 Drei Veranstalter bieten in ihren Katalogen eine Mallorca-Pauschalreise in das Hotel „El Grande" an. Die Preise betragen: 555,00 EUR, 579,00 EUR und 599,00 EUR. Um wie viel Prozent sind die beiden letztgenannten Angebote teurer als das erste?

9 Ein Reisebüro erzielte im letzten Monat in den einzelnen Abteilungen folgende Umsätze
Touristik: 75 000,00 EUR, Provisionssatz 11%
DB: 30 000,00 EUR, Provisionssatz 8%
Flug: 45 000,00 EUR, Provisionssatz 9%
a) Wie viel % des Gesamtumsatzes wurde in den einzelnen Abteilungen erzielt?
b) Wie viel Provision erhielt das Reisebüro von den Veranstaltern?

10 Ein Reiseveranstalter lässt seine Kataloge in einer Druckerei fertigstellen. Die Zahlungsbedingungen der Druckerei lauten: Bei einem Rechnungsbetrag von mehr als 5 000,00 EUR 10% Rabatt und 2% Skonto bei Zahlung innerhalb von 8 Tagen.
a) Wie viel EUR muss bei einem Rechnungsbetrag von 6 000,00 EUR gezahlt werden?
b) Wie hoch war der Rechnungsbetrag, wenn 7 056,00 EUR überwiesen wurden?
c) Wie viel % betrug der Gesamtabzug bei beiden Rechnungen?

11 Ein Veranstalter senkte die Preise für Pauschalreisen in ein bestimmtes Zielgebiet um 8%. Der Preis beträgt jetzt 598,00 EUR. Wie hoch war der ursprüngliche Preis für diese Reise?

12 Ein Reisebüro ließ die Verkaufsräume renovieren. Die endgültigen Kosten betrugen 8 904,00 EUR und lagen damit 6% über dem Kostenvoranschlag. Wie teuer wäre die Renovierung geworden, wenn der Kostenvoranschlag eingehalten worden wäre?

13 Der Vermieter erhöht die Miete für die Verkaufsräume um 2,5%. Das Reisebüro muss jetzt 75,00 EUR mehr bezahlen. Wie hoch war die ursprüngliche Miete?

14 Ein Reisebüro will sich einen neuen PC anschaffen und erhält folgende Angebote:
A: 1 850,00 EUR; netto Kasse
B: 2 040,00 EUR; 3% Skonto bei Zahlung innerhalb von 8 Tagen
C: 1 920,00 EUR; 2% Skonto bei Zahlung innerhalb von 8 Tagen
Wie viel Prozent spart das Reisebüro beim günstigsten Angebot gegenüber dem teuersten Angebot?

15 Das Bruttogehalt eines Reisebüromitarbeiters beträgt 2 250,00 EUR. Davon werden folgende Abzüge einbehalten: Lohnsteuer 380,00 EUR, Kirchensteuer 34,00 EUR und Arbeitnehmeranteil zur Sozialversicherung 416,00 EUR. Wie viel Prozent betrugen die Abzüge insgesamt?

16.5 Die Zinsrechnung

Die Zinsrechnung ist ein Anwendungsgebiet der Prozentrechnung unter Einbeziehung einer vierten Größe, der Zeit. Um eine der Größen berechnen zu können, müssen die drei anderen Größen bekannt sein. Beträgt die Zeit ein Jahr, sind Prozentrechnung und Zinsrechnung identisch. Die Zinsrechnung verwendet die folgenden Begriffe:

Kapital (K)	= entspricht dem Grundwert der Prozentrechnung
Zinssatz (p)	= entspricht dem Prozentsatz der Prozentrechnung und wird immer auf ein Jahr (= 360 Tage) bezogen
Zinsen (Z)	= entspricht dem Prozentwert der Prozentrechnung
Zeit (t)	= Die Zeit, die ein bestimmtes Kapital ausgeliehen wurde. Dabei wird im Allgemeinen der Monat mit 30 Tagen und das Jahr mit 360 Tagen gerechnet. Für bestimmte Berechnungen (Wechseldiskont) gilt die „Eurozinsmethode" mit tagesgenauer Rechnung (1 Jahr = 365 Tage).

16.5.1 Berechnung der Zeit

Beispiel Ein Darlehn wird vom 4. März bis zum 28. Juni ausgeliehen. Wie viel Tage sind das?

Lösung

$$\begin{array}{r} 28 \text{ Tage } 6 \text{ Monate} \\ - \underline{4 \text{ Tage } 3 \text{ Monate}} \\ = 24 \text{ Tage } 3 \text{ Monate} \end{array} \quad = 24 + (3 \cdot 30) = \underline{\underline{114 \text{ Tage}}}$$

Lösungsweg

1. Datum der Rückzahlung hinschreiben.
2. Datum der Ausleihe darunter schreiben.
3. Sollte die zweite Tageszahl größer sein als die erste, einen Monat in 30 Tage umwandeln (04.04. ergibt den 34.03). Sollte die zweite Monatszahl größer sein als die erste, ein Jahr in 12 Monate umwandeln (11.04.07 ergibt den 11.16.06).
4. Die Werte voneinander abziehen und die Monate in jeweils 30 Tage umwandeln.

16.5.2 Berechnung der Zinsen

Die Berechnung erfolgt nach der allgemeinen Zinsformel:

$$\text{Zinsen} = \frac{\text{Kapital} \cdot \text{Tage} \cdot \text{Zinssatz}}{100 \cdot 360}$$

Beispiel Ein Reisebüro nimmt bei einer Bank einen Kredit über 3 000,00 EUR für die Zeit vom 6. Juni bis zum 12. Oktober auf. Der Zinssatz beträgt 8% p.a. Wie hoch sind die zu zahlenden Zinsen?

Lösung

$$\frac{3\,000,00 \cdot 126 \cdot 8}{100 \cdot 360} = \underline{\underline{84{,}00 \text{ EUR}}}$$

16.5.3 Berechnung des Kapitals, des Zinssatzes und der Tage

Durch Umformung der allgemeinen Zinsformel ergeben sich:

$$\text{Kapital} = \frac{\text{Zinsen} \cdot 100 \cdot 360}{\text{Zinssatz} \cdot \text{Tage}}$$

$$\text{Zinssatz} = \frac{\text{Zinsen} \cdot 100 \cdot 360}{\text{Kapital} \cdot \text{Tage}}$$

$$\text{Tage} = \frac{\text{Zinsen} \cdot 100 \cdot 360}{\text{Kapital} \cdot \text{Zinssatz}}$$

Beispiel (für die Berechnung des Kapitals) Ein Reisebüro nimmt einen Kredit für die Zeit vom 10. November 08 bis zum 8. Juni 09 zu einem Zinssatz von 9 % p.a. auf. Wie hoch war das ausgeliehene Kapital, wenn 338,00 EUR Zinsen gezahlt werden müssen?

Lösung

$$\frac{338{,}00 \cdot 100 \cdot 360}{9 \cdot 208} = \underline{\underline{6\,500{,}00 \text{ EUR}}}$$

Die Berechnung des Zinssatzes und der Tage erfolgt auf die gleiche Weise.

16.5.4 Berechnung des Kapitals beim vermehrten oder verminderten Grundwert

Beispiel Ein Reisebüro zahlte einen Kredit, der vom 5. Mai bis zum 5. August zu 8 % p.a. ausgeliehen wurde, einschließlich der Zinsen mit 4 590,00 EUR zurück. Wie viel EUR betrug der Kredit?

Lösung

Diese Aufgabe ist mit den bekannten Zinsformeln nicht zu lösen. Sie muss in zwei Schritten mit der Prozentrechnung gelöst werden.

1. Berechnung des „Zeitprozentsatzes"

? % = 90 Tage
360 Tage = 8 %

$$\frac{90 \cdot 8}{360} = \underline{\underline{2\,\%}}$$

2. Berechnung des Kapitals

? EUR = 100 %
102 % = 4 590,00 EUR

$$\frac{100 \cdot 4\,590{,}00}{102} = \underline{\underline{4\,500{,}00 \text{ EUR}}}$$

Zinsrechnung

Übungsaufgaben

1 Berechnen Sie die Tage der folgenden Zeiträume:
  a) 05.06.08 bis 13.12.08
  b) 12.02.08 bis 26.08.08
  c) 24.04.08 bis 16.11.08
  d) 17.03.08 bis 04.08.08
  e) 26.05.08 bis 31.03.09
  f) 30.04.08 bis 28.08.09

2 Ein Reisebüroinhaber legte 25 000,00 EUR für die Zeit vom 3. Februar bis zum 3. Mai auf einem Festgeldkonto mit einem Zinssatz von 4% p.a. an. Wie viel Zinsen erhielt er?

3 Ein Auszubildender zahlte am 31. Januar seine Ausbildungsvergütung von 520,00 EUR auf sein Sparbuch ein. Wie hoch ist sein Guthaben am Jahresende, wenn die Bank 2,5% p.a. Zinsen zahlt?

4 Ein Angestellter erhielt von seiner Bank am 1. Februar ein Darlehn von 3 250,00 EUR, das er einschließlich 9% p.a. Zinsen mit 3 542,50 EUR zurückzahlte. Berechnen Sie den Rückzahlungstag.

5 Berechnen Sie das Kapital, das zu 7% p.a. Zinsen in 90 Tagen dieselben Zinsen bringt wie 3 800,00 EUR zu 8% p.a. in 100 Tagen.

6 Ein Auszubildender hat im Lotto gewonnen. Einen Teil des Geldes will er bei einem Zinssatz von 5% p.a. so anlegen, dass er monatlich 450,00 EUR erhält. Wie hoch muss der angelegte Betrag sein?

7 Am Jahresende bekommt ein Auszubildender auf seinem Sparbuch bei einem Zinssatz von 3% p.a. eine Zinsgutschrift von 9,60 EUR gutgeschrieben. An welchem Tag hat er 800,00 EUR eingezahlt?

8 Ein Reisebüro kaufte Anfang Dezember einen neuen PC. Die Rechnung über 1 499,00 EUR war vereinbarungsgemäß am 15. Dezember fällig, wurde aber erst am 21. Januar einschließlich 8% p.a. Verzugszinsen beglichen. Wie viel EUR mussten bezahlt werden?

9 Der Anzeigenteil einer Zeitung enthält folgende Anzeige: „Suche Kredit für fünf Monate über 7 500,00 EUR. Zahle 9 000,00 EUR zurück!." Welchen Zinssatz bot der Kreditsuchende?

10 Ein Reisebüro kauft einen neuen Laser-Drucker zum Preis von 699,00 EUR. Die Zahlungsbedingungen des Verkäufers lauten: „3% Skonto bei Zahlung innerhalb 8 Tagen oder in 30 Tagen ohne Abzug."
  a) Wie viel Skonto kann abgezogen werden?
  b) Wie viel EUR spart das Reisebüro, wenn wegen fehlender Liquidität das laufende Konto bei einem Zinssatz von 16% p.a. überzogen werden muss?
  c) Welchem Zinssatz entspricht die Skontogewährung?

11 Ein Reisebüro benötigt ein Darlehn für fünf Monate. Es werden bei einem Zinssatz von 9% p.a. abzüglich der Zinsen 7 218,75 EUR ausgezahlt. Wie hoch war das Darlehn?

12 Ein Darlehn, ausgeliehen am 10. März, wurde am 30. Mai einschließlich 6% p.a. Zinsen mit 4 864,00 EUR zurückgezahlt. Berechnen Sie die Höhe des Darlehns und die gezahlten Zinsen.

Sachwortverzeichnis

A

Abgrenzungstabelle 123 f.
Abgrenzung
– zwischen Kosten und Aufwendungen 119
– zwischen Leistungen und Erträgen 119
Abschluss der
– Bestandskonten 22
– Erfolgskonten 32 f.
– Konten Vor- und Umsatzsteuer 55 f.
– Konten UVA, VVA, EVA 37 f., 39 f., 74
– Konten UVM, VVM, EVM 43, 67
Abschreibungen
– des Anlagevermögens 90 ff.
– auf Forderungen 98 ff.
– kalkulatorische 121
Abschreibungsbetrag 92
Abschreibungssatz 91
Abschreibungstabelle 93
Abschreibungsverfahren 92 f.
Abweichungsanalyse 153 f.
AfA-Tabelle 91
Aktive Rechnungsabgrenzungen 104
Aktivierungspflichtige Anschaffungskosten 90
Aktivkonten 20
Aktiv-Passiv-Mehrung 16
Aktiv-Passiv-Minderung 16
Aktivtausch 16
Allgemeines Kreditrisiko 99
Anderskosten 120
Anlagevermögen 11
Anlagevermögen, Bewertung 108 ff.
Anschaffungskosten 90, 109
Anschaffungsnebenkosten 90
Arbeitgeberanteil zur Sozialversicherung 83 f.
Auflösung der Bilanz in Konten 20
Aufwendungen 111 ff.
Auswertung des Jahresabschlusses 107 ff.

B

BAB 131 ff.
Beitragsbemessungsgrenze 83

Bestandskonten 19
Betrieblich bedingte Ausgaben 119
Betriebsabrechnungsbogen 131 ff.
Betriebsergebnis 124
Bewertungsansätze 109
Bewertungsgrundsätze 109
Bilanz 13 f.
Bilanzanalyse 111 ff.
Break-even-Point 144 f.
Bruttogehalt 80
Bruttomethode bei Umsatzsteuer 67
Buchung der Personalkosten 84 f.
Buchung von Vor- und Umsatzsteuer 54 f.
Buchungssatz 25 ff.
Buchwert 94

C

Cashflow 115
Controlling 152 ff.

D

Deckungsbeitragsrechnung 139, 142 f.
Degressive Abschreibung 93
Differenzkalkulation 150
direkt zurechenbare Kosten 129
Dreisatz 155 f.

E

Eigenkapital 12, 14
Eigenkapitalrentabilität 114
Einzelkosten 129
Erfolgsanalyse 114 f.
Erfolgskonten 29 ff.
Erlöse
– Flugverkehr 68
– Veranstaltungen 38 f., 74, 76
– Vermittlungen 42 f., 66 f.
– Versicherungen 69
Eröffnung von Konten 20
Eröffnungsbilanzkonto 24
Erträge, neutrale 123

F

Finanzierung 113
fixe Kosten 128, 142, 144

Forderungen
– Abschreibungen auf 98 ff.
– Bewertung von 99

G

Gemeinkosten 129
Geringwertige Wirtschaftsgüter 94
Gesamtergebnis 124
Gesamtkapitalrentabilität 114
Geschäftsbuchführung 119
Gesetzliche Grundlagen der Buchführung 8
Gewinnschwelle 143
Grundbuch 25
Grundkosten 120
Grundsätze ordnungsgemäßer Buchführung 8 f.

H

Höchstwertprinzip 110

I

Imparitätsprinzip 110
indirekt zurechenbare Kosten 129
Investierung 113
Inventar 11
Inventur 10

J

Jahresabschluss, Auswertung 111 ff.

K

Kalkulation des Reisepreises 148 ff.
Kalkulationsschema 149
Kapitalanlage 113
Kapitalaufbau 113
Kettensatz 156
Kirchensteuer 80
Konstitution 112
Kontenplan 50
Kontenrahmen 50
Kosten
– Einzelkosten 129
– fixe 128
– Gemeinkosten 129
– Grundkosten 120
– kalkulatorische 120 ff.
– variable 130
– Zusatzkosten 120

Kosten- und Leistungsrechnung 117 ff.
Kostenartenrechnung 118, 128
Kostenstellenrechnung 118, 130
Kostenträgerrechnung 118, 137
kritische Teilnehmerzahl 144
Kurstabelle 158

L
Leistungen 123
Lineare Abschreibung 92
Liquidität 113
Lohnsteuer 80

M
Marge 72
Margenbesteuerung 64, 71 f.
Mehrwertsteuer (siehe Umsatzsteuer)

N
Nachkalkulation 150
Nettogehalt 80
Nettomethode bei Umsatzsteuer 66
Neutrale Aufwendungen 119 f.
Neutrale Erträge 121
Neutrales Ergebnis 124
Niederstwertprinzip 110
Nutzungsdauer 91

P
Passive Rechnungsabgrenzungen 104
Passivkonten 20
Personalkosten 79 ff.
Profit-Center 140
Prozentrechnung 160 f.

R
Rechnungsabgrenzungen 104
Regelbesteuerung 64, 75 ff.
Reisebüroleistungen 36
Reinvermögen 12
Rentabilität 114
Restbuchwert 94
Rückstellungen 106

S
Schlussbilanzkonto 24
sonstige Forderungen 105
sonstige Verbindlichkeiten 104
Sozialversicherungsbeiträge 83
Spartenerfolgsrechnung 138
Steuerklassen 80

T
Teilkostenrechnung 139, 141 ff.

U
Umlaufvermögen 11
Umlaufintensität 112
Umsatzrentabilität 115
Umsatzsteuer 52 ff.
Umsatzsteuer
– bei Anlagekäufen und -verkäufen 57
– bei Aufwendungen 58
– bei Veranstaltungen mit Margenbesteuerung 71 ff.
– bei Veranstaltungen mit Regelbesteuerung 75 ff.
– bei Vermittlungen 65 ff.
Umsätze
– Flugverkehr 68
– Veranstaltungen 38 f., 74

– Vermittlungen 42 f., 66 f.
– Versicherungen 69
Unternehmerlohn 121

V
variable Kosten 130, 142
Vermögenswirksame Leistungen 85
Vermögensaufbau 113
Vermögensstruktur 112
Verrechnung
– Flugverkehr 68
– Veranstaltungen 38 f., 74
– Vermittlungen 42 f., 66 f.
– Versicherungen 69
Vertretungskosten 47 f.
Vollkostenrechnung 141
Vorkalkulation 148 f.
Vorsteuer 52 ff.

W
Währungsrechnen 157 ff.
Wertberichtigung 99
Wertveränderungen in der Bilanz 15 f.
Wirtschaftlichkeitskontrolle 114

Z
Zahllast 52, 55
Zeitliche Abgrenzungen 103 ff.
Zinsrechnung 163 ff.
Zinsen, kalkulatorische 121
Zusammenarbeit mit anderen Reisebüros 47 ff.
Zusatzkosten 120
Zuschlagskalkulation 149
Zuschlagssätze für Gemeinkosten 134
zweifelhafte Forderungen 98